寵物香草藥妙方

5種香草生活提案 | 24道香草美味食譜 | 30種寵物專屬香草

謝青蘋 著

以天然的香草藥力量，
改善寵物寄生蟲、壓力性過敏、口腔疾病
與心理發展問題！

晨星出版

推薦序

香草與植物，一直都是人與動物的好朋友

品牌策劃 ─ Nicole

　　小時候媽媽會到戶外採野草回來熬煮青草茶給辛苦工作的爸爸喝，而我也要跟爸爸捏著鼻子喝下去。經過二三十年，濃郁的草藥味仍然烙印在我的腦海裡，那是非常自然的味道，濃烈、讓人難以忘懷。都市規劃後，就再也聞不到這樣的味道了。長大後，我也才清楚這是無可取代的家庭良藥。

　　大約三年前因接觸芳香療法與 Anita 相識，在熟識過程中，互相了解彼此都非常愛寵物，因此我們聊了許多關於自然食物與化合物食物的差異性。我也因此好奇飼料的真實製作過程，找到許多畫面都令人難以想像，怵目驚心！也是個機緣，我停止讓毛孩吃飼料與化合物食品，不僅破壞環境、也是糟蹋毛孩的生命，縮減我們相處的時間。起初認識她時並未了解她是如此熱愛生命與動物。熟識的過程漸漸明白，身為芳療師必須關注身心平衡，「應該讓寵物吃真正的食物，還給他們原有的健康」。關於寵物鮮食，她告訴我不能加鹽巴、不能使用人的辛香料和水果、還有很多東西不能吃，以及如何挑選食材、烹煮才能留住養分很多等注意事項。

　　很難想像究竟要多少時間尋找、印證、或者上課去累積寵物相關的研究才能寫出這樣的專業書籍，中間的過程中耗費多少時間與精神？整本書透露出作者的愛與善，尤其「香草大觀園」是我最敬佩的專業領域。她如同一本生命的辭海，總是能指導、傳遞許多實際關懷與照顧寵物之道。「不管多辛苦、要讓寵物吃真正的食物，是我的核心宗旨。將來能夠造福更多更多的動物與人，是我最幸福的事。」她這樣說。

　　心地如此善良的人，我無法不支持她。

　　散播美好的事物、我無法坐視不管。

　　拿起這本書，準備好妳／你的魔法食材，一起下廚給毛小孩吃吧！

　　今天這道菜，就叫做香草的力量！

推薦序

不管是狗狗還是貓貓，都能吃出健康

Dog 老師全能發展學堂 —— 王昱智（熊爸）

每當我處理毛孩子的行為問題時，只要同時有碰到健康問題，都必須先以健康狀況為優先考量，健康與行為之間是環環相扣的，所以在討論行為問題的時候，一定要確認健康狀況。

我們都知道，當我們生病時，一直吃藥其實對身體也不好，當初我的狗狗生病時，獸醫師開了許多的藥，我也不厭其煩地一一詢問是什麼藥，作用是什麼，問到最後一顆藥，醫師說是保健的肝藥，我說我的狗沒有肝臟的問題啊？醫師說，因為前面的這些藥會傷肝，所以才要吃肝藥。

這本書，告訴你天然的香草藥，天然的香草食療，不管是狗狗還是貓貓，都能吃出健康，甚至細分為內用食物還是外用擦拭，都有詳細介紹。

注重毛寶貝健康的主人，這本書一定會給您不一樣的全新收穫。

推薦序

JAPAS　日本アニマルフィトセラピー学術協会

理事長　加藤志乃

　私が初めて動物に香草を使ったのは 15 年近く前のことです。

　皮膚疾患に悩む愛犬、ラブラドールレトリバーのためでした。当時、日本では動物への香草の使い方を教えてくれる学校はありませんでした。独自に海外の本を読んだり、人のための植物療法（Phytotherapy）を学び、愛犬や保護動物のために実践を始めたところ、次々と驚くような変化が現れ、相談をしてくる飼い主が徐々に増えました。さまざまな症例を積み、2015 年 3 月に日本初の動物への植物療法を正しく伝える団体『日本アニマルフィトセラピー学術協会（ＪＡＰＡＳ）』が誕生しました。国外でいち早く招致してくださったのが台湾の PIDA でした。この書籍の著者『謝』さんはその時に学んでくださった修了生です。　植物にはさまざまな化学成份 (Phytochemicals) と波動エネルギーが含まれ、古くから体を癒すために利用されてきました。薬の原料になっているもの多く、中には強い作用を持つものもあります。適切に使えば動物たちの心や身体は私たち人間よりもずっと純粋なので、素早く反応し驚くべき自然治癒を見せてくれます。著者の謝さんも、学んだことを実践する中で同じことをたくさん感じ取ってくださったと聞いています。その経験を基にこのような書籍を書いてくださったこと、何よりも台湾のペットと飼い主の皆さまに植物療法（Phytotherapy）の素晴らしさを伝えられることをとても嬉しく思います。植物療法は植物の特性を捉えて、安全に使用することが大切です。そして日々、ペットの観察をしながら、体調に合った香草を飼い主が選ぶことができると理想的です。この書籍を読んだあなたとあなたが愛するペットのために最適な香草が見つかり、今以上に健康で幸せな日々が訪れますよう心よりお祈りいたします。

大約在十五年前，我第一次在動物身上使用草藥。

因爲我的拉布拉多愛犬當時正受皮膚病所苦，而那時日本並沒有教導如何對動物使用草藥的學校，於是我開始自己研讀國外的書籍，學習用於人類身上的植物療法（Phytotherapy）。當實際運用於我的愛犬及動物身體保養之後，逐漸出現驚人的變化，諮詢的飼主也漸漸增加。在累積了各式各樣的病例後，於二〇一五年三月對動物進行植物療法宣導的團體「日本動物植物療法學會（(Japan Animal Phytotherapy Academic Society; JAPAS)）在日本正式設立。國外最早邀請該團體訪問的即是台灣 PIDA。本書作者謝小姐即是當年畢業的學生。

植物含有各種化學成份（Phytochemicals）及波動能量，自古以來即被用來療癒身體。目前市面上已有許多已成爲藥物的原料，其中也包含作用較強的植物。由於動物的身心比人類單純，如果能適當使用，會發現其反應快速且驚人的天然治癒力。聽說作者謝小姐在實際運用所學的過程中，也有許多相同的感受。謝小姐能就其經驗撰寫本書，並向臺灣的寵物及飼主們傳達植物療法的優異性，個人感到非常地喜悅。

植物療法著重於掌握植物的特性及使用上的安全性，因此若飼主能夠在每天觀察寵物的同時，選擇最適合寵物體質的草藥是最理想的。希望您在閱讀本書後，能找到最適合您愛犬的草藥，與愛犬過著更健康幸福的生活。

目錄

後序　168

前言

有你們的陪伴，真好！

　　曾經，有一位朋友，在我認識他之前患了恐慌症，常期吃藥讓他痛苦也無奈，有一次與他長談後，知道他期待隨時隨地都能擁有支持的力量。我告訴他：「有一個朋友可以每天陪伴你，聽你嘮嘮叨叨也不厭煩，你可以盡情的擁抱他，他決不會逃跑，你也可以對他拳打腳踢，他不會還手，只會掉幾片葉子到你的懷中，你願意交這個『大樹』朋友嗎？」

　　之後，他給我的回饋是：「當我每天出門去擁抱大樹時，我感覺到他給我很多陽光的能量，讓我很有安全感，可以像參天古木一樣站直、挺立、走出去！」

　　植物就是有一種說不出來的感覺，隱藏著神奇療癒的力量，如魔戒電影中的「樹人」，在人類需要的時候，他們永遠都願意伸出手來幫忙。我常在河堤散步，有一次我看到路旁一棵高大的菩提樹，不知為什麼，

他們的眼神總是溫柔的離不開你，
他們的腳步總是緩慢的等待你，
他們的心總是掛念著你，
他們總是提醒我，
記得放鬆一下，我陪著你再出發！

葉子全掉光了，枝幹也在幾天後乾枯萎縮，再看看他身旁的每一棵樹依然綠意盎然，他的身影更顯出枯枝落葉的淒涼感。

　　我每天經過都會停留很久，跟他說話，鼓勵他（因為在斜坡下，我無法觸碰到他），兩個月後，當我看到枯木長出新芽時，我不由自主的微笑了。

　　我讚嘆，我在心中充滿了喜悅與無限感動，感覺就好像是自己的好友又重新活了過來。這讓我想起小時候，我常跑進山林中，每棵樹對當時的我來說，都像是巨人般的高大，但是這些強壯的巨樹，卻又爭先恐後的沙沙聲響個不停，好像是要偷偷告訴我什麼祕密，又像是要讓我聽到他們輕輕柔柔的傾訴。臉貼在冰涼的樹幹上抱著他，我似乎聽到了他的心跳聲。

生活在都市叢林裡的現在，我會刻意靠近大樹，撫摸矮叢，低頭觀看小草，如果當下有時間，我會閉上眼睛，靜心專注於自己的呼吸，就能聽到他們對我的呢喃細語！

二十三年前，我開始學習芳香療法，因而認識「香草」這個植物朋友。精油可說是香草植物的生命精華，在使用精油的過程中也讓我了解香草生命力的強韌；就如同忠心質樸的狗狗，儘管生存的環境再惡劣，也會溫柔地前進，自己找到生命的出口。

而香草所散發的香味真的很多元，有的刺鼻、有的甜香，有時如張牙舞爪的貓咪、有時卻又像乖巧溫馴的兔子，精油的氣味帶領我們時而狂野奔放、時而恬靜安然。

這些充滿活力的香草就如同舞動的精靈，跳躍在中醫界，變成舉足輕重的藥草，跳躍到飲食界，變成滋養補身的香料，不管是義大利燉肉上的迷迭香、奧勒岡葉，還是泰國火鍋裡的香菜、香茅草，那種多層次的口感，令人快樂！

從小我跟動物就有解不開的緣分，雖然我一直住在臺北這個大都市中，但卻沒有城市生活的拘謹，家中時常都有動物的蹤跡。母雞帶小雞，找雞蛋，餵鴨子吃菜，被鵝追得滿院子跑，小白狗咬回來一堆禮物，老鼠、蚯蚓、蝴蝶、木頭、石頭……，家裡總是熱鬧非凡。

有一天媽媽帶回來一窩長得比較高大的小雞，看起來除了體型比較壯以外，好像跟一般小雞沒什麼兩樣。兩個星期過去了，他們的羽毛變得很黑，腳變得很長，慢慢的長得越來越奇怪，臉上的肉掉在嘴巴邊邊，而且越來越龐大，叫聲如悶悶的鑼聲！媽媽說那叫吐綬雞，這是我第一次看到真正的火雞！

之後，我們還養過各種鳥類、兔子、天竺鼠、熱帶魚、蛇、蜥蜴、天牛、烏龜和臺灣獼猴，而貓咪和狗狗從未在我的生命中缺席過。

七年前我因為決定收養一隻狗狗而有機會深入了解到流浪動物的問題、寵物食安問題、不當養殖場的問題、寵物行為教育問題、寵物的身

心健康問題等等。

　　而這些問題背後的答案，每一個都讓我驚訝無比！

　　我追求自然，更期待凡事能以天然、芳香、自然療法為出發點，希望以本身所學習的芳香療法經驗來找到照顧毛孩子的方式，因為這些可愛的毛寶貝，他們是一群沒有埋怨、沒有要求的孩子，對我來說，他們不只是陪伴我的好朋友，更是我魂牽夢縈的家人，也為了這群默默無聲的家人，我好想為他們做一點事情。

　　因緣際會下，我又去學習了 College for Vibrational Medicine and Sound Therapy 振動醫學療法、日本アニマル フィトセラピ寵物植物療法基礎、進階課程及日本 JPMA 寵物按摩與照護課程。我希望以我所學習到的專業知識，帶給這些毛孩兒一些些的幫助與溫暖，並且有效協助寵物身、心平衡的問題。

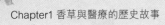

Chapter 1
香草與醫療的歷史故事

史前時代

在法國的拉斯科洞窟壁畫中，史前時代的山頂洞人留下了香藥草的塗鴉。考證認為是西元前 13000 至 25000 年前所留下。

新石器時代

中國醫藥知識之創始—神農氏嘗百草。

西元前 4000 年

埃及人將植物運用於木乃伊、美容、祭祀儀式、疾病治療。
絲柏、乳香、雪松、肉桂等，都是當時埃及人常用的藥用植物。

西元前 2500 年

中國「黃帝內經」開始有藥草記載。

西元前 2000 年

印度阿育吠陀（Ayurveda，又稱生命吠陀）綜合醫學體系，記載了許多芳香植物在宗教和醫療上的各種用途，並用來幫助因自然和人之間的平衡關係被破壞而產生的疾病。

西元前 1240 年

聖經出埃及記中紀錄了藥草油和藥草香的製法。

西元前 460 至 377 年

希臘希波克拉底提出四體液論，傳統醫學誕生。
1. 他的名言「讓你的藥物成為食物，讓你的食物成為藥物！」
2.「整體醫療法之父」，紀錄三百多種藥草處方。
3. 每天進行芳香藥草沐浴和按摩，可延年益壽。

西元 78 年

羅馬的狄歐斯科里德（Dioscorides），終其一生完成五本《藥材醫
學論》，紀錄五百種藥草特性及使用方法。這些書籍也奠定了往後
西方醫學的參考標準。

西元 131 至 199 年

羅馬的蓋林（Galen）運用他醫學的知識，依照植物的醫藥功能，將
植物分門別類。

西元 452 至 536 年

南北朝時，梁代陶弘景將《神農本草經》整理補充，編寫成《本
草經集注》一書，並增加漢魏名醫所用草藥物三百六十五種，稱為
《名醫別錄》。

西元 659 年

唐顯慶四年,因外國藥物陸續輸入,由國家權力機關頒布修訂《唐新本草》,是中國,也是世界上最早的一部藥典。記載藥方八百四十四種,並附有藥物圖譜。

西元 825 至 925 年

醫學家拉齊(Al—Razi)不朽的名著《曼蘇爾醫書》,製造出很多藥品,如:車前子散、龍涎香、薔薇水等,以及採用大蒜、豆蔻、芙蓉、茉莉、菠菜等植物及蔬菜治病。

西元 980 至 1037 年

波斯人阿比西納(Avicenna)是阿拉伯歷史上最偉大的醫生。著有《醫療論(The Book of Healing)》、《藥典(The Canon of Medicine)》,記錄了超過八百種藥用植物,並開始運用按摩與食療治病。

西元 10 世紀

暗黑中世紀(魔女狩獵)。
德國修道院長希德嘉修女(Hildegard)是一位醫生,她以藥草、動物和礦石為人治病,心得收錄在《Causae et Curae》醫書中。

西元 11 世紀

艾布・富哈尼・比魯民編著了《制藥》一書,他分門別類且有系統地分析了各種藥草製藥物的成份、配方與製作方法。

西元 14 世紀

人們在街道上焚燒乳香樹脂和松樹枝葉來抵禦黑死病。

西元 15 世紀

印刷術傳入，各國開始印製相關的藥草書籍。

西元 16 世紀

大航海時代，東西方香草植物交易蓬勃發展。
《貝肯氏草藥集 (Bancke's Herbal)》記載了許多配方。

西元 1578 年

中國明朝李時珍的《本草綱目》，記載了兩千多種中醫草藥材、八千多種藥方。

西元 1597 年

英國最早的藥草書籍之一，《藥草簡史》由約翰‧傑勒德 (John Gerard) 出版。

西元 1652 年

卡爾‧培波的《藥草誌》出版，記載三百六十九種英國藥草的功用，也描寫了精油的應用。

西元 1796 年

德國醫學博士哈尼曼 (Samuel Hahnemann) 開始有系統的使用「同類療法」，以植物的形狀或特性來增加人的免疫力。

西元 18 世紀

隨著「外科手術」興起及「化學實驗」的誕生，化學藥物取代了植物療法。

Chapter
2

拒絕文明病—
毛小孩的微醺馳放之旅

　　毛小孩們其實不是故意又肥、又懶、又無趣、又潑辣，只是需要預約一個美麗假期，調整百般無聊的日子和心情，然後心甘情願、趾高氣昂的繼續守護你和他的小天地。

　　我們要如何把屬於動物本性的生活方式和飲食習慣還給他們，讓他們真正用自己喜歡的、健康的、更貼近自然的方式生活？

　　有一些自然又簡單的方法可以讓你參考喔！

　　★天然健康美食

　　你知道市面上有許多對人很不健康的食品，但你知道有多少對寵物不健康的寵物食品嗎？

　　在你不知情的狀況下，寵物很有可能長期吃著化學的添加物，這就好比是慢性病毒一樣，會對他們的身體產生巨大的負擔。最簡單也最好的避免方式就是讓他們回歸原始的生活，有人說吃生食最貼近寵物的原始食物型態，當然也有人說應該吃熟食對寵物的腸胃才是好的，我覺得只要是天然的食物都是好的。在準備鮮食的同時與你的毛小孩一同互動，不只可以增加你們的感情，同時更能為他的健康做把關。

偶爾試著當一個專屬於毛小孩的廚師吧！

★花精能量飲

有關於情緒與免疫系統之間的關係，許多醫學研究報告都認同情緒與我們身體的健康狀態是息息相關的。所謂心理影響生理，醫學專家也同意心理健康的人，身體會相對健康。

花精是愛德華‧巴赫醫生所發明的，他也是一位細菌學研究者。他發現人類的身、心要達到平衡需要一點點外力的幫助，所以在西元一九二年找到了從野生植物中萃取而來的花藥來協助我們。

由專業花精執業師為寵物量身調製的配方，可有效舒緩毛孩子們的生理不適與精神壓力。

★寵物專用芳香精油

給寵物精油護理，是一種健康且天然的方式，不論是防蟲、沐浴、保護傷口、舒緩肌肉緊繃甚至情緒安撫，芳香精油都可以用來維護寵物的身、心健康。不過要特別注意的是，每種寵物使用的精油種類及劑量

是不同的，需要專業的芳香療法師實際了解後再做調配，這樣才安全。

★機能性 Spa 按摩

這是一種簡單有效的療法。在國外，以手在動物身上輕緩按摩的實驗發現，動物的腦波會因此有改變。

寵物其實就像一個小 Baby，他們有手也有腳，但就是無法精準的處理身體的問題。幫寵物按摩，是飼主與寵物快速貼近彼此的方式，比起語言，他們也許更希望你用雙手來撫觸他們。這種像是被媽媽擁抱、用舌頭舔拭的溫暖安全感，可以提高他們對身體的意識，也能幫助改善分離焦慮、緊張吠叫等問題行為。

有人說觸覺是不會說謊的語言，如果飼主能常常利用雙手作為與寵物溝通的方式，我相信你一定會擁有一隻乖巧聽話的毛孩兒。

★動物傳心與靈氣療法

「Reiki」是一種源自於日本的自然療法，又稱掌療法，是透過其「止痛、穩定情緒、加速復原」三大特點，作為傳統醫療科學以外的另類協助療法。

當人類尚未發明文字前的原始時代，人類和生靈萬物都是可以溝通的。如何找回這樣的能力，來與我們的毛小孩對話，是很神祕且令人嚮往的。動物溝通學者露西娜老師說：「其實在大自然的最深處，擁有著啟動我們靈魂意識的力量，可以使我們恢復這種蘊藏著溝通和療癒的能力。」也就是透過大自然的能量，以情緒感應、嗅覺、聲音、觸覺、圖像、味覺、繪畫等形式展現，幫助動物表達事情或話語。

★頌缽和諧調頻

最早是在西藏，後來傳至印度、尼泊爾甚至峇厘島一帶，被佛教僧侶拿來坐禪或冥想的頌缽，相傳是由外太空掉落至喜馬拉雅山附近的隕石塊燒熔提煉而成，因此敲出來的聲音十分和諧圓滿。

據說藉由頌缽所傳達的震動，可以引起全身 75% 的水共振，調整細

胞中不和諧的頻率，讓它更趨於穩定與平靜。同樣的，頌缽也可以用在任何動物身上，調整能量的流動，讓他們更健康也更安穩。

★狩獵遊戲

貓科動物每天有超過八成的時間都在睡覺。當狩獵時，他們會集體行動，但狩獵成功率只有 25% 左右。為了填飽肚子，他們會一直注意獵物的蹤跡。寵物的行為從未改變過，他們還是非常喜歡探索及狩獵，所以想要拉近和寵物彼此間的距離，就是與他們來一場瘋狂的遊戲。

★大自然馳放音樂

蟲鳴、鳥叫、流水、風聲、海浪、雨聲，包含著悠閑、慵懶和享受，營造出一種讓人沉浸在原野森林中的全然放鬆感。配上柔軟舒適的大軟墊，外加叢林野獸的紀錄片，讓寵物在現代緊張生活的都市中，處於放鬆的氛圍及釋放壓力的空間。喚起他們心中安靜、自在、淡然、原始而自我的一面吧！

★原始的接觸

你就是寵物的全世界，他們很樂意在家裡等待心愛的主人回來，每當你回到家時，活潑又好動的毛孩兒總是圍繞在你腳邊，讓你在外的疲憊都一掃而空。但他們更希望你能帶他們出去走走或跑跑。

本來就屬於在大自然中奔馳的毛孩子，讓他們吸聞花草，追逐飛舞的蝴蝶，隨著搖曳的枝枒又蹦又跳，探尋屬於自己的原野悸動，那是多麼快樂的事啊！在灑滿和煦陽光的草地上、寂靜的綠野山谷中、海邊沙灘追逐海浪，你會發現你越來越健康，而且還有一隻快樂的毛小孩會對著你微笑。

香草的採集保存—
新鮮 & 乾燥

　　歐洲世界將香草定義爲：舉凡花、莖、葉、種子、果實、樹皮或土壤裡的根，只要是具有特殊香味而且可供人類作爲藥用、料理或美容的植物，均可稱爲 Herb。

　　雖然每種香草的生長、開花、結果的季節都不同。但是一般來說，農人習慣在夏、秋兩季採收香草，而且是一大早就去採摘，因爲此時露水蒸發，香草香氣最爲濃厚。

一、新鮮香草

　　每天若能親手摘取並使用新鮮香草，是件很幸福的事情喔！

　　想像一下，一大清早起來，往戶外的陽台望去，座落排列的小花盆裡有一株株鮮綠的植物，令人感受到生命是如此充沛且有活力。深深吸一口氣，更可以感受到不同香草間的芬芳氣味，讓人一整天的元氣都強壯起來了！

新鮮香草的保存法：

 1. 冷藏保存法

 a. 香草採摘後以清水沖洗（稍微用水清洗掉香草上的灰塵─Ⓐ）

 b. 瀝乾後快速將葉片上的水分擦乾（確保乾燥避免沾染灰塵─Ⓑ）

 c. 裝進保鮮盒中，再放入冰箱冷藏（新鮮度可維持一個星期─Ⓒ）

 2. 醃製儲存法：

　　將新鮮、洗淨、瀝乾的香草放入些許油、鹽、醋、酒等調味品中，等待一段時日後，即可將調味過的香草用於烹飪之中（特別是油，有安定香草植物的特性，使香草保存最為長久）。

　　依照不同香草的香氣特性，於烹飪時添加使用，每道料理都會充滿濃濃的異國風味喔！

新鮮香草的優點：

1. 新鮮、美味。

2. 應時且當節當令。

3. 香草植物內的活性能量保存最完整。

4. 若是能正確的將香草冷凍保存，解凍後依然新鮮。

新鮮香草的缺點：

1. 若要使香草的香氣濃郁，使用量要比乾燥的香草多三倍。

2. 香草植物有些長得很相像，要特別確認植物的種類，才不會使用錯誤。

二、乾燥香草

一整年都可以使用到香草，完全不受季節、種類、數量、地區的限制，還可以長期使用在一般家庭起居上。例如，將乾燥香草製作成香包，放進枕頭內、衣櫃中、廁所裡，除了達到除臭、消菌、防蟲的目的，還有放鬆身心的效果。

現在流行將乾燥香草製作成茶包，隨時想要喝一杯香草茶都是非常方便的。一般來說，乾燥香草與現採的香草雖有新鮮度上的差異，但依舊可以延續香草原有的風味。

乾燥香草的保存法：

1. 自然風乾法—Ⓐ

這是最為簡易的方法。要找一個陰涼通風的位置，室內、室外皆可，將連著莖的香草整理成一束，再以棉繩或橡皮圈綁住植物根莖最上方的部分，並將枝葉間的間距調整好，讓風能順利穿過，再將整串植物倒掛即可。

2. 機器烘乾法—Ⓑ Ⓒ

將採摘下的香草清洗、瀝乾，然後截取香草葉片部分，在烤盤上鋪上烘烤用紙，再將葉片平鋪在烤紙上，並放進微波爐或烤箱內，以低溫

烘烤至完全乾燥為止（可重複烘烤，但不可使用高溫）。

乾燥香草的優點：

1. 乾燥香草在沖泡香草茶時，因內部的水分已被帶走，殘留的香氣比一般新鮮香草還要濃厚，沖泡熱水後也就比新鮮香草更能將香草內的成份釋放出來，所以只需使用少量香草即可。

2. 專家研究，在確認乾燥香草與新鮮香草在各種營養成份的測試上，如礦物質等含量並沒有因為乾燥而流失，總括來說營養價值與新鮮香草差不多。

3. 乾燥香草因為水分會變得極少，延長香草保存的時間。

乾燥香草的缺點：

1. 乾燥後的香草，因為經過高溫以及水分的流失，會使維生素與含油量變少而影響口感。

2. 新鮮度會受到影響。

3. 乾燥過後的香草，光靠外表來分辨是非常容易被混淆的，因此在保存乾燥香草前，建議最好事先註明乾燥香草的品種名，以免日後在使用上出錯。

Chapter
4

動物的綠色藥物—香藥草

　　你知道森林中的兔子會利用蜘蛛絲來包紮傷口嗎？看到動物吃泥土或木頭，你了解這些東西對他們的消化道有什麼幫助嗎？雖然泡溫泉是人類醫學上的一種物理療法，但有一些動物，如熊、猴子都會常常跑去泡溫泉，又是爲什麼呢？非洲的靈長類動物會在不舒服的時候去找一種長得像向日葵的植物來吃，這種植物有著會流出紅色汁液的葉子，可以殺死多種眞菌和寄生蟲呢！

　　其實我們平日最常看到的就是貓咪和狗狗在不舒服的時候，會衝去草叢中，找一些具有刺激味或粗纖維的植物吃，之後你可能會在地上發現一攤黃綠色，夾雜著像雜草纖維的嘔吐物，這就是寵物自行處理腸胃不適的方法。

　　這樣的過程，其眞正的作用是利用植物的纖維使胃痙攣，引發嘔吐，最後將誤食的東西或無法消化的食物排除出體外。

　　美國及法國人類學家都在研究中表示，動物利用大自然來療癒自己的歷史其實比人類還早。

● 禽鳥類會使用森林裡的嫩草、漿果及樹脂作為天然的驅蟲藥。因為這些香藥草裡面，都含有豐富的香料和單寧酸，可幫助驅蟲！

● 當老虎受傷後會尋找一種草，並在草上滾來滾去，幫助傷口結痂。這種草叫做積雪草，也是亞洲老虎草。其特色是當它的植株受損時，會分泌葉汁來修護損傷，就像壁虎斷尾再生，即使被剷除到只剩下一小段根莖，也可以重生，有促進皮膚新生的效果。

● 北美洲有一種長得很小的文鳥，母鳥會在生育後尋找一種薄荷的葉子鋪在鳥巢中。散發出特殊香氣的薄荷葉，可以消滅容易讓幼鳥死亡的微生物。

● 雲南白藥，傳說是上山採藥的人看到動物受傷血流不止，自行跑去找一種草吃，結果就不再流血了。採藥人將香藥草帶回研究，而發明了舉世聞名的雲南白藥。

● 有一種狐猴住在馬達加斯加島，他們受傷後，會找一種名叫「滿地爬」的植物，咬下莖葉嚼碎，敷在患處，處理自己的傷口。

香藥草飲食

芳香藥草的英文名為 Herb，源自拉丁語 Herba。意思是具有香氣、藥用及調味功能的植物。所以芳香的藥草不但可以作為天然養生的調理藥方，也可以於烹飪時加入來增加食物的特殊風味，對於人及動物都能具有提高自然療癒力的藥食同療效果。

但其安全性到底如何呢？

如果你經常喝咖啡，James A. Duke 博士在《Handbook of Medicinal Herbs 香藥草安全手冊》一書中，對於我們日常生活中經常使用的香草，像德國洋甘菊、薰衣草、迷迭香、薄荷、玫瑰等等，給予 +++ 的高評價。他把咖啡和這些香藥草一起做比較，認為大部分的香藥草比咖啡還安全呢！

在西方，十八世紀開始，屬於白色藥物的西醫成為醫療的主流市場；從香草的歷史背景來看，十八世紀之前，不論是人類或是動物，早就已經會利用生存環境取得綠色藥物 —— 香藥草，來療癒自己身上的病痛或傷口，甚至是情緒。

在東方，中國有神農氏嚐百草。所謂的「嚐百草」其實是遠古人類為了尋求食物和從事農耕的一個發展歷程，這樣的過程也使現代醫學得以有遵循的方向。所以，現代西醫的許多醫藥品原料可都是利用各種有效植物萃取的成份所研發出來的；而中醫藥學更是致力於芳香藥草的研發及運用。

所以說香藥草是一種非常安全且具療效性的天然食物。

我們現在在市場上可以發現很多知名廠牌的寵物飼料，或多或少都有添加香草的成份，甚至主訴求都是在這些香草的特色與功能性上，這是一個趨勢，也是未來真的能幫助寵物更加健康樂活的方式之一。

含香藥草的寵物食品

- 美國倍特天然花草健康犬食：添加洋甘菊、蒲公英、薄荷迷迭香、薑黃。
- 義大利葛林菲功能性完全飼料：添加朝鮮薊、奶薊、迷迭香。
- 歐奇斯 ORGANIX《有機無穀配方》飼料：添加蔓越莓粉、迷迭香萃取物。
- 紐西蘭寵物香草糧：添加羅勒、奧勒岡草、迷迭香、麝香草、薄荷、山茶花、洋甘菊。
- 耐吉斯成犬飼料：添加綠茶、迷迭香。
- 貝喜寵物養生：添加多種南太平洋特有的水果、蔬菜、香草（玫瑰果、榆樹、甜羅勒、迷迭香、歐芹）。

寵物香藥草飲食注意事項

1. 毛孩子使用香藥草首要注意事項

香藥草是寵物在西醫體系外的一種輔助醫療方式。在使用之前應該讓寵物醫生先確認毛孩子身體的真正問題，在醫生正確治療與建議之下，再根據病因來選擇對其有幫助的香藥草與使用方式作為輔助，這才是正確的使用步驟。

2. 到底哪種香藥草對我們家的毛孩子才有幫助？

我們常聽到某些香藥草對人類有特別的益處，但是要注意，適合人類的香藥草不一定也適合寵物使用；或者以用量來看，寵物食用的量可能要比人類的食用量來得更少。

除此之外，還有物種的差異也會影響香藥草使用的狀況。

例如貓咪的身體敏感度很高，適合使用的香藥草不多。因此，不能因為狗狗使用的香藥草沒問題，就認為貓咪也能使用。

我建議平常就可以將香藥草加入飲食或外用，來做為日常的保養，

讓寵物習慣香藥草的味道，同時利用每株香藥草的特殊性來增加毛孩子本身的抵抗力及自癒能力，遠離疾病。

預防勝於治療，對毛孩子來說是非常重要的。

3. 俗名？學名？傻傻分不清楚！

每個香藥草都有其特殊性，所以在使用任何香藥草之前，請一定要確認每株植物的基本屬性、化學成份、使用的禁忌、可以和不可以使用的部位及如何使用。

這些特色都呈現在植物的拉丁學名上，完整的拉丁學名是我們用來確認植物品項的重要依據，也是世界共通的標示方法，就好像人的姓名，屬名就是「姓氏」，種名就是「名字」。

例如：高地薰衣草

屬名 +	種名
Lavendula	Officianalis

↑ 對個別品種的說明，通常會描述其外觀或特徵。（此字在希臘文中有「藥用的」意思。）

└─ 是對植物品種的確認。（此字源於希臘文，有「洗滌」的意思。）

4. 香藥草對寵物的療癒幫助？

●營養補給

例如：海藻含有二十餘種必需的胺基酸，其成份中的硫胺基酸尤為重要，且大部分種類都含有如牛磺酸、甲硫氨酸、胱氨酸及其衍生物。每一百克乾重藻體的含量約在 41 至 72 毫克之間。

●強化器官功能

例如：科學研究與臨床實驗證明，朝鮮薊是一種對於維護肝臟特別安全的高效植物。

●激活排毒系統

例如：在化療後攝取薑根，能刺激排除胃裡的化療藥物。

●增強免疫細胞功能

例如：舞茸的特殊成份能抑制腫瘤生長，強化細胞活性，修復組織損傷，進而增強免疫系統，快速有效地對抗疾病並防止癌細胞生長，提高化療的效果。

●改善消化吸收能力

例如：近年來醫學研究指出，胡椒薄荷油膠囊能幫助改善腸燥症所產生的症狀，胡椒薄荷還可以促進腸胃蠕動，有助於改善暴飲暴食後造成的腸胃不適症狀。

5. 香藥草那麼有用，可以天天吃嗎？

如同人類的飲食觀念一樣，飲食首重在均衡，而不是多寡的問題。任何食物食用過量都是不好的，長期過量的食用同一類食物，營養攝取會呈現一種偏食的狀態，無法均衡補充到每一種營養，使得食療的功效大打折扣。

如果以藥學的角度來看，若是長期使用同一種香藥草的製劑，也有

可能會讓藥效失去作用或減低功效（抗藥性），因此所有單一的香藥草，我都會建議在使用六至八個星期後，更換成其他替代性的香藥草。

6. 毛小孩的主人一開始可以怎麼做呢？

　　我建議可以香藥草入菜的方式，補充毛小孩所需的營養或是用於日常照護，這是一種很好的食療養生方式。但請注意，若是將香藥草用在醫療上，必須要從低劑量開始，尤其是第一次使用的毛小孩，一定要先少量使用，再逐漸增加到適合的用量，千萬不要因求好心切，而過量使用喔！

7. 所有的香藥草都可以吃進肚子裡嗎？

　　香藥草雖然可以做為醫療用，味道也很清新宜人，但並不表示每一株香藥草都可以食用，大部分都還是有內用與外敷的差異。

　　對於可以處理傷口、皮膚問題或有防蚊驅蟲效果的香藥草，多是外

用的效果比較好。例如：山金車、茶樹、聚合草等。

　　也有一些香藥草內服效果很強，但不適合外用。例如：荊芥、舞茸、歐芹等。

　　對於懷孕的毛孩子，味道辛辣、清涼等刺激性強的香藥草，應盡量少食用或不要食用，以免影響懷孕狀況。

　　此外，若毛孩子有任何疾病問題，請不要自行任意給予香藥草，務必經過專業的中獸醫師或香藥草療法師的指示使用，這樣才能安心。

8. 何謂香藥草安全性分類？

　　依照 Japan Animal Phytotherapy Academic Society 學會 (日本アニマル　フィトセラピー学術協会) 所提出的香藥草安全性分類，我們可以將香草分為四類，其中第二類又以特定對象做細節分類。

編號	細項	安全指示
1		安全。
2		需要專業人員指導。
	2a	只能外用。
	2b	懷孕時不能用。
	2c	授乳時不可用。
	2d	其他（例如有特定疾病不可使用）。
3		醫療相關人員在旁協助，才可使用。
4		新發現的藥草，還未了解其中成份。

Chapter
5

寵物香草生活妙方

愛因斯坦曾說：「如果蜜蜂從地球表面消失，人類將活不過四年。」

近年來，世界各地都傳出大批蜜蜂不明原因死亡與消失的消息，我想最主要的原因應該是來自過度開發地球與使用化學藥劑所造成的生態破壞吧！

希望大家都能藉由使用大自然的芳香藥草來處理寵物的問題，因為這是一個友善大地，回饋地球的好方法。

『去去蟲蟲走』——香草魔法項鍊

　　每一個主人都會精心為毛小孩設計專屬的造型，當主人為他繫上色彩繽紛的領巾或項圈，再掛上吊飾和金光閃閃的鈴鐺後，不管是知名的品種或是流浪街頭的米克斯，都會更加顯現出美麗以及自信。也許每個人都有各自喜愛的風格，但你一定也希望這些裝飾品兼具實用性。當我們把帶有香氣和療效的香藥草，結合這些漂亮的項圈讓寵物隨身攜帶著，就不用擔心不速之客（蚊蟲、跳蚤等）來騷擾你的毛小孩囉！說不定這些令他身心舒暢的香草，還會讓他充滿快樂呢！

材料

- 香草各 1g（甜茴香、胡椒薄荷、安油醇迷迭香、荊芥、爪哇香茅、蕁麻、甘草、小白菊）
- 針線
- 棉布
- 細網繩
- 任選五金配件

製作方法

1. 將材料中的幾種香草各自捏碎，也可放入攪拌機或搗藥盅打碎。

2. 將打碎的香草放入彩色的棉布上，再將四個角抓起包住香草，抓緊之後用棉線封口。

3. 剪一段適合寵物頸圈大小的細網繩，然後將彩色的香草綿球掛在細網繩上。

4. 將細網繩兩頭用五金配件夾緊就完成了！

使用方式

可掛在寵物的脖子或圈在寵物的肚子上，在寵物奔跑時，香草的香味會讓蚊蟲、跳蚤、壁蝨避而遠之。

注意事項

1. 如果寵物對於香草的味道感受到不舒服，請儘快拿下或減少分量之後再試試看。

2. 若要效果持續久一點，請在不用時放入密封的袋子或容器中集存。

『隱形防護衣』———
香草噴霧（家用酊劑法的製作）

　　對於飼養在臺灣這種亞熱帶國家環境裡的毛小孩來說，寵物除蟲、除蚤的防護是要非常注意的。現在市面上寵物除蟲、除蚤的方式，最常使用的就是滴劑式的藥劑，而這些滴劑的成份不是含有大量的化學藥劑，就是含有農業用除蟲劑。它們除蟲的原理，是將藥劑透過寵物的皮膚傳遞到身體內部的循環系統，當寄生蟲接觸寵物的皮膚或吸食寵物的血液後就會死亡。但是這樣真的不會傷害到毛小孩的健康嗎？我想聰明的飼主應該都會抱持著懷疑的態度吧！

　　若是能夠使用天然的香藥草製作化學藥劑，達到防蟲的效果，我想這種環保、無化學藥劑、新鮮的防蟲噴霧，對於寵物來說應該是更好的選擇吧！

　　身為飼主的你也可以享受自己動手製作的樂趣，想必也能帶來給予毛孩子關愛與承諾的成就感！

- 乾燥香草（甜茴香 1g、胡椒薄荷 2g、德國洋甘菊 0.5g、烏樟 0.1g、蕁麻 1g、沉香醇百里香 2g、大蒜 1g）
- 酒精 50ml（可使用 35 至 40 度的無味酒類）
- 玻璃噴瓶 250ml
- 雪松純露 150ml
- 浸泡用玻璃瓶

製作方法

1. 將材料中的幾種香草，一一放入乾燥無菌的玻璃瓶中。
2. 倒入 50ml 的酒精（以蓋過所有香藥草為主）。
3. 每天都要上下左右搖晃一次。
4. 約靜置兩個星期後，將浸泡的液體和香草分離，注入玻璃噴瓶中再加入純露即可使用。

使用方式

在外出前先將香草噴霧噴灑在寵物身上形成一層防護膜。建議適量噴灑在寵物的尾巴和四肢上，然後用手或梳子等工具輔助，順著毛流梳理，在全身均勻沾染香草噴霧，這時香草就會開始發揮作用。

不論你是與寵物在外散步、草叢嬉戲奔跑，蚊蟲、跳蚤、壁蝨聞到香草的氣味，都會逃之夭夭了。

注意事項

1. 如果寵物排斥香草的味道，請儘快將其擦拭乾淨。
2. 若希望香草噴霧的放置時間可以長一點，請一定要緊閉噴口，避免香草液的味道揮發太快。
3. 請勿噴灑在眼睛、耳朵、鼻子等敏感部位。

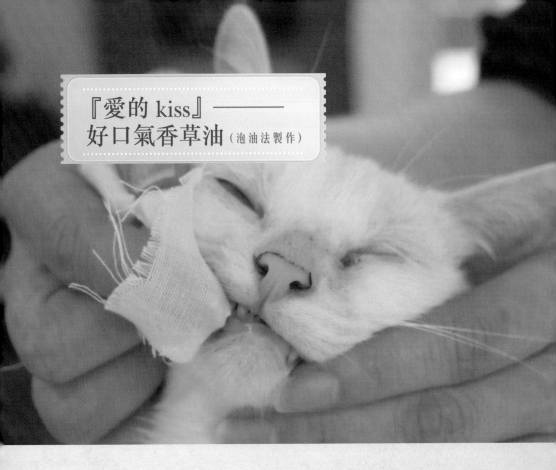

『愛的 kiss』——
好口氣香草油（泡油法製作）

　　拖著疲憊的身體回到家，一看到家中的毛小孩在家門口迎接著你的歸來，我們總是忍不住抓起毛小孩就拚命的親，也不管他們之前是否有去舔地上的剩菜剩飯，還是剛剛上完便便，正在清理他的……。是的，即使如此都無法阻止我們這般愛他們如癡的飼主做出的瘋狂行為。

　　當然如果能先幫他們做做口腔清潔，那就安心多了吧！除了希望他們有好口氣之外，當然更希望他們能擁有一口好牙。

　　獸醫師調查，一般兩歲以上的狗狗，80% 都有口臭、牙結石、牙齦出血等嚴重的牙周問題，所以養成常常幫寵物刷牙的習慣也是非常重要的喔！

材料

· 乾燥香草各 2g（歐芹、甜茴香、沉香醇百里香、
　胡椒薄荷）
· 食用級小蘇打粉少量
· 有機椰子油 35ml

· 擠壓瓶 100ml
· 蒸餾水 55ml

製作方法

1. 將材料中的幾種香草切細（不須切碎），再一一放入耐熱容器中。
2. 倒入椰子油（需蓋過所有的藥草）。
3. 使用隔水加熱的方式，慢慢加熱一個半至兩小時，關火後再續泡三十分鐘。
4. 將香草用棉紗布瀝出後，再依上述步驟重複一次（需加入已瀝出的油一起做第二次）。
5. 將藥草油倒入乾淨無菌的擠壓瓶中，再加入小蘇打粉攪拌均勻。
6. 蒸餾水加滿即可。

使用方式

飯前或飯後三十分鐘，直接將香草油擠壓在手指上，再塗抹在寵物的牙齒和牙齦上。當他們在舔壓時就能將有效成份推擠到牙齒細縫，也可以使用紗布在牙齒上稍加按摩，就能達到幫整個口腔清潔、殺菌的功效了。

注意事項

1. 如果寵物對於香草的味道感到不舒服，請儘快讓他喝大量的清水。
2. 放置在陰涼處即可，勿放在冰箱中冷藏或陽光直射處。
3. 使用香草油前，請先搖晃均勻後再使用。

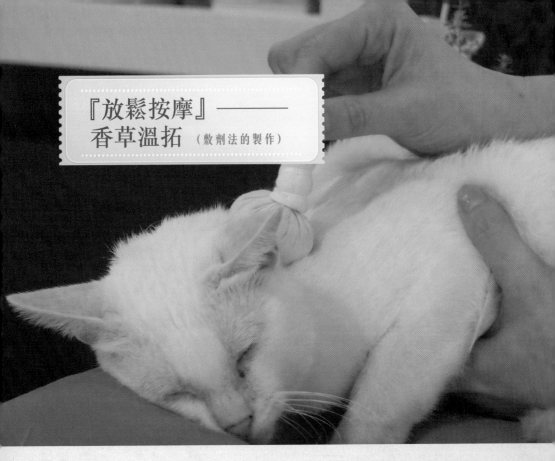

『放鬆按摩』——
香草溫拓（敷劑法的製作）

　　前陣子網路上有一則笑話，母親寫了一封信給她的兒子和媳婦：「在我老的時候，千萬不要對我太好，只要像你們現在對你們家那隻狗一樣就可以了！」每天精心調製的鮮食料理、每星期送去美容打扮、有不同的零嘴、滿屋子的玩具、一櫃子的漂亮衣服和飾品、每天抱在懷裡噓寒問暖、假日還要陪牠出去跑跑……這一切的一切，在十年前多麼不可思議呀？

　　寵物們到底喜不喜歡被按摩呢？我想每位飼主都會毫不猶豫的一直點頭。那寵物需不需要被按摩呢？當然是肯定的呀！因為，不管是保護主人、追逐遊戲、搶玩具食物、維護地盤等等，他們隨時隨地都是處在警戒下，所以壓力可是很大的呢！如果你沒有學過相關的按摩技巧，也不知如何按摩才能幫助寵物，那有一種充滿神秘氣息的東方香藥草療法非常適合你們喔！

　　只要將香藥草包放在水盤或烤盤加熱，不論是磨為細緻粉末或是整株實體香藥草的敷包，都能散發出自然草本的香氣，溫暖的觸感可以很快讓毛孩子們放鬆而且沉靜下來。這種溫熱療法對於毛孩子的筋骨痠痛或肌肉腫傷有很棒的舒緩作用。

材料

· 香草各 3g（胡椒薄荷、雷公根、烏樟、聚合草、啤酒花、紫錐菊、榆樹）
· 棉布
· 棉繩

製作方法

1. 將材料中的幾種香草，一一洗淨瀝乾並槌碎（不要太細）。

2. 將槌碎的香草放在棉布上，並將其四角拉起包裹起來。

3. 用力將所有香藥草壓扁成球型，並用棉繩細綁出一個握把。

使用方式

將香藥草包放入電鍋中隔水加熱約十分鐘，或將香藥草包放入器皿後噴濕，再放入微波爐高溫加熱約一分鐘，確認是寵物可以接受的溫度後，即可拿起溫熱的香藥草包放在寵物身上點壓式按摩。（大約可以使用三至五次。若不想浪費，還可以將香藥草包放進泡澡桶中，讓毛孩子泡個香噴噴的澡！）

注意事項

1. 請注意溫度，最好先輕輕在寵物的腳內側皮膚測試，避免過熱而燙傷。
2. 香藥草包的中心溫度較高，所以剛開始請將力量放到最輕。
3. 薰蒸的香藥草會有水分流出。為避免沾染毛色，可以先用一條薄毛巾蓋住寵物再按摩。
4. 若要存放使用過的香草包，建議曬乾後放入密封袋中，再放入冷藏室。
5. 若有發霉或味道酸敗，請丟棄不要再使用。

『白泡泡幼咪咪』——
香草泡膚術

　　一看到毛孩子又往身上抓個不停，左啃啃小腳丫、右搔搔耳朵，頓時空氣中到處都瀰漫了飄來飄去的毛，讓人不禁想打噴嚏，除了使家中環境打掃起來更加費盡心力，毛小孩的皮膚也常常因此紅通通的一整片，想必主人看了也相當不舒服且心疼吧。

　　我想每個飼主都曾經有過這樣的煩惱，而且不知道該怎麼辦。臺灣為海島型氣候，這種氣候的特色就是既悶熱又潮濕，若是生長在寒冷乾燥地區的寵物品種，老實說，並不適合在臺灣飼養。

　　當毛孩子皮膚出現嚴重問題時，為了能夠當下快速解決問題，主人們最常想到的就是帶毛小孩去看醫生，並聽從獸醫的建議，使用西醫打針吃藥的方法，再加上後續塗抹各式各樣的藥膏或是戴上喇叭頭套等等。

　　但是現在，你可以嘗試另一種方式！請大家試著在平常使用香草泡澡的方式來維護毛孩子的皮膚健康吧，看到毛小孩在澡盆中舒服放鬆的模樣，想必連主人們也都會羨慕不已喔！

材料

A — 舒緩止癢配方

- 香草（金盞花 10g、德國洋甘菊 10g、薰衣草 5g、北美滑榆樹皮 10g、金縷梅 7g、燕麥 20g、玫瑰花瓣 3g、迷迭香 25g、藥蜀葵 10g）
- 棉布袋

B — 清熱解毒、調理皮膚配方

- 藥草（薏仁 3 錢、連翹 3 錢、荊芥 3 錢、薄荷 2 錢、茯苓 3 錢、茵陳 2 錢、防風 3 錢、苦參根 2 錢）
- 棉布袋

C — 皮膚感染、濕疹、黴菌感染配方

· 藥草（白蘚皮 20g、苦參 15g、蛇床子 15g、桑白皮 20g、百部 20g、甘草 20g）
· 棉布袋。

製作方法

1. 將 A 或 B 或 C 材料中的幾種香草一起放入棉布袋中。
2. 再將棉布袋放入鍋中，加水 750ml。

3. 將鍋子放進電鍋悶煮約四十五分鐘。

4. 將煮好的香草液倒入澡盆,再加入清水,直至水溫適合寵物泡澡為止。

🍃 使用方式

1. 平常可於洗澡後,順便泡澡十至十五分鐘。

2. 皮膚有狀況時,最好一星期泡澡兩次,每次十五至二十分鐘。

3. 泡澡完可以不用再沖洗喔!

注意事項

1. 水溫要注意,千萬不要太燙,毛小孩的皮膚非常敏感,溫度控制約在35至38度之間。

2. 身體不適、剛運動完、剛吃完飯、打疫苗前後,都不適合泡澡喔!

Chapter

6

自然、純正、真實的食物

　　我一直對於飼養在家中的狗狗、貓咪必須天天吃工廠裡加工而成的飼料抱持著疑惑，我曾詢問過許多獸醫師，到底怎樣吃，毛小孩才會健康無憂呢？絕大多數的獸醫師都告知，家中寵物要吃寵物飼料，營養才會均衡！

　　有一陣子，我發現家中的狗狗皮膚呈現區塊性紅紅的，有時腿上還會出現一些些小紅點，遲遲沒有褪去。

　　當我帶毛孩子去看醫生時：

　　醫生：「看起來是過敏了，平常都吃些什麼？」

　　我：「各式蔬菜和肉類鮮食加乾飼料，還會給他吃一些水果」

　　醫生：「鮮食中加了這麼多種食材，很難判斷是哪種食材造成狗狗過敏，而且你這種品種的狗狗（西高地白梗）體質比較敏感，建議改吃處方飼料。比較安全。」

我：「單純吃飼料對寵物真的比較好嗎？」

醫生：「當然要找大廠牌的呀！這些大的廠牌飼料都經過科學研究和實驗，也都有依照寵物協會的營養需求規範去設計配方，絕對是比你隨便餵食的好呀！」

我：「可是營養師不是建議人類要飲食多樣化、以自然食材為主，不添加防腐劑和色素，也儘量不要吃人工再製品，以食為藥才健康呀！」

醫生：「現在的飼料很多都有另外添加多種天然的營養成份和蔬果，不用擔心！」

我心想：「既然是人工飼料，又怎麼可能是『天然』的呢？而且每天都只能吃同一個成份的食物，這樣毛孩子會健康嗎？」

結果，我還是帶著滿心的疑問回到家，這次，我決定自己開始著手去

尋找答案。除了上網買了相關書籍閱讀，也在網路上尋找到了大量的文獻資料，細細研究之下，我得知有一些寵物加工飼料在製造的過程中，因為要大量生產，大部分製作出來的「食物」往往只剩下「一點點營養」，而且為了加強寵物的嗜口性（愛吃），有一些廠商會加入大量的人工調味劑、人工香料和淋上一層又一層香香的高熱量油脂（不一定是健康的油脂喔！），再來就是要讓賣相更好，所以又加入了五顏六色的人工色素⋯⋯。所以我們究竟讓毛孩子吃進什麼？身為飼主的我們應該要好好思考一下喔！

　　有了基本的知識概念後，我再回想獸醫給我的答案，其實，我會認同某些獸醫師的說法：「如果飼主沒有足夠的寵物營養基本概念，還不如吃『好的』（不一定是有名的大廠牌）寵物飼料來得安全。」獸醫的意思應該是認為，現代人並沒有多餘的時間去關心寵物的飲食，所以可以改由飼料廠商提供一個專業分工體系下，較為便利的方法。但是這個方法絕對是最萬不得已的選擇，因為這就好像是漢堡、洋芋片、炸雞、泡麵，這些食物都可以加入各種化合的營養素，變成所謂好的食物，但你非常清楚，也應該不可能把它們當主食天天吃吧！

　　飼主有空閒的時候，可以花一點時間閱讀有關寵物健康的相關資訊，你會發現幫寵物建立健康的飲食，其實並不困難。

汪汪的香草鮮食
DOGS HERBS KITCHEN

———— 食譜 vs 難易度 ————

1. Banana 煎肉餅　　　♥♡♡♡
2. 下水什錦湯飯　　　♥♥♡♡
3. 什錦香草雞絲麵　　♥♥♥♡
4. 毛豆菇菇羊湯鍋　　♥♥♥♡
5. 牛肉高麗菜卷　　　♥♥♥♡
6. 亞麻香椿牛肉麵　　♥♥♥♥
7. 果丁鮮肉豆漿凍　　♥♥♡♡
8. 茅屋起司香草漢堡排　♥♥♥♥
9. 香蕉豬排燕麥粥　　♥♡♡♡
10. 香薯煎鮭魚炒飯　　♥♥♡♡
11. 高麗菜蘋果鴨肉冬粉　♥♥♥♡
12. 黃金地瓜豬千層飯　♥♥♥♥

—Banana 煎肉餅—

食材

- 中筋麵粉　　　　120g
- 雞蛋　　　　　　一顆
- 香蕉　　　　　　一根（中型）
- 冷水　　　　　　20g
- 無糖豆漿　　　　50g
- 豬絞肉　　　　　70g
- 蜂蜜　　　　　　少許（自行決定加否）
- 無鹽奶油　　　　少許
- 胡椒薄荷葉　　　二至三片
- 植物油（葵花油、芝麻油、
  橄欖油、菜籽油、椰子油）約 150ml

Tips.
胡椒薄荷可以舒緩因消化不良、腹部脹氣而引起的食慾不振。

—準備好食材，開始烹煮囉—

1 無糖豆漿加熱後倒入麵粉中攪拌，馬上再倒入冷水揉勻 ❶

2 揉成麵糰後，表面塗上植物油放三十分鐘鬆弛。❷

3 將麵糰平均分成 2 份，放入植物油蓋過麵糰浸泡三小時左右。

4 麵糰放在桌上用手輕壓後向周邊推開成薄片狀。❸

5 香蕉切片，薄荷葉切碎後放進打散的雞蛋液中備用。❹

6 鍋中加入奶油，先炒豬絞肉後盛起。

7 鋪上餅皮略煎至稍微變色後，再放上沾蛋液和薄荷葉的香蕉及炒好的豬絞肉。

8 餅皮向內摺成四邊形後，煎至雙面金黃香酥。❺

9 盛起切成一口大小，擺盤，淋上蜂蜜即可

—下水什錦湯飯—

食材

· 雞（鴨或鵝）胗	40g
· 雞（鴨或鵝）心	40g
· 白飯	65g
· 魚腥草	三片
· 薑	2g
· 高麗菜	20g
· 紅蘿蔔	20g
· 嫩豆腐	65g
· 高湯	200ml

Tips.

美國把薑標示為安全的天然食品之一，可幫助強健寵物的消化機能，並加強心血管系統。

―準備好食材，開始烹煮囉―

1 將雞胗和雞心洗乾淨，切片備用。❶

2 將魚腥草、薑、高麗菜、紅蘿蔔洗淨切細絲。

3 豆腐切丁狀。

4 高湯煮滾，將薑與步驟 2、3 的食材放入鍋中，以小火煮七分鐘。

5 將步驟 1 的食材放入鍋中，中火續煮三分鐘。❷

6 將湯鍋內食材淋在白飯上即可。❸

—什錦香草雞絲麵—

食材

· 雞胸肉	一塊，約 70g
· 原野蔬果樂	1.5 茶匙
· 通心麵	35g
· 橄欖油	一茶匙
· 百里香葉	少許
· 大蒜	少許

Tips.

少量提供大蒜，抗菌又可促進食慾、同時增強免疫力和心血管系統健康。

＊美國食品藥物管理局（FDA）核准大蒜作爲寵物保健品，可少量食用，但若狗狗本身有血液或寄生蟲疾病，請先跟獸醫師討論後才給予。

─準備好食材，開始烹煮囉─

1 雞胸肉放入滾開的熱水中煮約五分鐘，取出放涼。❶

2 通心麵放入剛剛氽燙雞胸肉的湯內，中火煮約十分鐘。❷

3 將雞胸肉撕成細絲。❸

4 將百里香葉和大蒜剁成碎末後與雞絲拌勻。

5 將原野蔬果樂放入通心粉中續煮兩分鐘，用濾網撈起放入碗中，並加入橄欖油拌勻。

6 將拌好的香草雞絲倒入通心粉，再次拌勻即可。❹

—毛豆菇菇羊湯鍋—

食材

· 豆漿	150ml
· 毛豆仁	10g
· 蘋果	半顆
· 羊肉片	90g
· 海帶芽	20g
· 小松菜	20g
· 車前草	10g
· 即溶燕麥片	20g
· 舞茸、鴻喜菇、杏鮑菇、袖珍菇	各 10g
· 高湯	300ml

Tips.

車前草一直都是利尿和解毒的中藥，可幫助寵物利尿及改善尿道發炎的問題。

—準備好食材，開始烹煮囉—

1 毛豆放入滾水中煮熟。

2 將蘋果削皮去核，切成塊狀。

3 將豆漿毛豆和蘋果放入攪拌機攪勻後，加入高湯倒入鍋中加熱。

4 將切成兩公分一小段的菇類和切碎的車前草放入鍋中，以小火煮約十分鐘。②

5 再將海帶芽、小松菜、羊肉片、麥片放入鍋中續煮三分鐘。③

6 添加三至五滴芝麻油後，放涼即可。④

─牛肉高麗菜卷─

食材

· 白飯	60g
· 地瓜	40g
· 牛肉	60g
· 高麗菜葉	一大片
· 蛋	1/2 顆
· 紫錐菊	1/2 朵
· 橄欖油	1.5 茶匙
· 黑芝麻	少許
· 高湯	適量

Tips.
紫錐菊可幫助寵物提升自我免疫力，也是感冒時的補給品。

─準備好食材，開始烹煮囉─

1 地瓜蒸熟，搗成泥狀，滾成條狀。

2 蛋帶殼煮熟，剝殼，取 1/2 切成四等分。

3 紫錐菊過水後切碎（若為乾燥花請先泡水）。 ❶

4 橄欖油加熱，放入牛肉拌炒至熟後盛起放涼，切成丁狀。

5 高麗菜用高湯汆燙五分鐘之後，撈起並放入冷水中三十秒，拿起瀝乾。❷

6 將白飯、1/2 茶匙橄欖油、切丁牛肉、黑芝麻拌勻。

7 將瀝乾的高麗菜葉平放在捲壽司的竹簾上，再依序放入地瓜條、牛肉拌飯、蛋片，最後均勻撒上紫錐菊，再慢慢用竹簾捲成壽司的條狀。❸

8 將捲好的高麗菜卷切成適合寵物一口的大小即可。❹

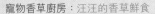
─亞麻香椿牛肉麵─

食材

· 牛肉	75 g
· 亞麻仁籽	少許
· 蕃茄	1/4 顆
· 有機香椿麵條	70 g
· 小松菜	15 g
· 牛蒡	20 g
· 蘋果	1/4 顆
· 迷迭香	少許
· 芝麻油	少許
· 高湯	400g

Tips.
牛蒡是一種溫和營養的藥草，可減緩寵物便祕和身體過敏等等的問題。

—準備好食材，開始烹煮囉—

1 牛肉汆燙至五分熟後，切成寵物適口大小。❶❷

2 將番茄、牛蒡、蘋果切成丁，迷迭香切數段。❸

3 高湯煮滾後，放入步驟 1、2 的食材，以小火煮十五分鐘。❹

4 另起一鍋水煮滾，放入香椿麵條，用中火煮八分鐘。

5 將麵撈起，小松菜切一公分小段一起放入高湯鍋中，小火續煮兩分鐘。

6 起鍋後，撒上亞麻仁籽和芝麻油即可。

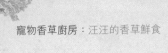

—夏日聖品—
果丁鮮肉豆漿凍

食材

· 芙蓉豆腐	120g
· 無糖豆漿	350cc
· 寒天粉	10g
· 原野蔬果樂	一匙
· 燙熟的雞肉丁	一小碗
· 蜂蜜	少許
· 寵物愛吃的水果	兩至三樣

Tips.

不用花太多時間準備，含有多種南太平洋特有的水果、蔬菜、香草，加上綠色牛奶—豆漿，讓寵物吃進的每一口食物都能感受到料理所傳達的溫暖與快樂能量。

─準備好食材,開始烹煮囉─

1 將芙蓉豆腐搗碎。❶

2 將原野蔬果樂泡溫水三至五分鐘。

3 無糖豆漿加熱後,將寒天粉倒入,並攪拌均勻至寒天融化成無顆粒狀。❷

4 將搗碎的豆腐、原野蔬果樂及雞肉丁倒入加熱豆漿中繼續攪拌三十秒後關火。❸

5 將豆漿內容物均分倒入模型容器中。

6 放入冰箱冷藏室三十分鐘(若無凝固則表示失敗)。

7 將豆漿凍放置於盤子上,撒上水果丁,最後淋上蜂蜜即可。❹

—茅屋起司香草漢堡排—

食材

・ 牛絞肉	40g
・ 豬五花絞肉	40g
・ 甜羅勒葉	兩片
・ 百里香	五公分
・ 紫蘇葉	各一片
・ 紫芋頭	35g
・ 紅蘿蔔	30g
・ 青椒	20g
・ 紅肉番薯	35g
・ 橄欖油	一茶匙
・ 新鮮茅屋起司	適量

Tips.
百里香能提高寵物免疫系統的防禦功能，幫助預防腸炎及消化道問題產生。

─準備好食材，開始烹煮囉─

1 將牛絞肉和豬五花絞肉倒在一起拌勻，並拋打肉團三至五次。❶

2 芋頭和地瓜洗淨去皮後切塊，一起放入電鍋蒸熟，待涼後搗碎。
❷

3 紅蘿蔔和青椒洗淨，切成小丁碎末狀。❸

4 將甜羅勒、百里香、紫蘇葉切碎，分兩份。❹

5 將步驟 1 至 4 的食材全部倒在一起拌勻，並均分成四等份後，壓
成圓餅狀。❺

6 起熱鍋，倒入一茶匙橄欖油，將圓餅放入小火煎兩分鐘，翻面再
煎一次。

7 將新鮮起司拌入步驟 4 的食材。

8 圓餅熟透後盛盤，再將新鮮起司塗在圓餅上即可。

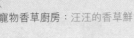

—香蕉豬排燕麥粥—

食材

- 豬腿肉　　　　70g
- 香蕉　　　　　1/2 根（約 40g）
- 朝鮮薊　　　　2g
- 高麗菜　　　　20g
- 無鹽海帶芽　　3g
- 椰子油　　　　一茶匙
- 燕麥　　　　　25g
- 白飯　　　　　25g
- 高湯　　　　　300ml
- 黑芝麻　　　　少許

Tips.
可以保護肝臟、
預防動脈硬化、
降低膽固醇的朝
鮮薊，對肝臟功
能非常有幫助。

—準備好食材，開始烹煮囉—

1 高麗菜洗淨切絲、海帶芽和朝鮮薊洗淨切成小塊、香蕉切片備用。
 ❶

2 椰子油倒入鍋中煎豬腿排肉，待雙面金黃後拿起放涼，切塊。❷

3 繼續將切片香蕉放入鍋中，煎至雙面金黃起鍋放涼。❸

4 高湯煮滾，先放入高麗菜絲煮三分鐘，再放入燕麥、高麗菜、海
 帶芽、朝鮮薊及白飯，小火煮七分鐘。❹

5 關火，放入香蕉片，拌勻。

6 起鍋，粥上放上豬排，撒上黑芝麻。

─香薯煎鮭魚炒飯─

食材

· 地瓜　　　　　　30g
· 鮭魚　　　　　　60g
· 白飯　　　　　　60g
· 綠（白）花椰菜　一朵
· 紅蘿蔔　　　　　15g
· 綠豆芽　　　　　15g
· 青江菜　　　　　15g
· 椰子油　　　　　一茶匙
· 薑黃粉　　　　　0.5g

Tips.
薑黃為咖哩中常見的食材之一，可以保護肝臟、抗氧化、對關節有幫助消炎的作用。

—準備好食材，開始烹煮囉—

1 地瓜蒸熟後切成塊狀。

2 將紅蘿蔔、綠豆芽、綠花椰菜、青江菜滾水燙熟後，切成寵物適合的一口大小。❶

3 鍋中倒入2/3匙椰子油，小火加熱，將鮭魚洗淨擦乾後放入鍋中，煎熟後起鍋放涼，並將魚肉撥碎。❷

4 緊接著，將地瓜放入剛剛煎魚的油鍋中，煎至雙面金黃後，盛起放涼。

5 再將1/3匙椰子油倒入鍋中，並倒入上述蔬菜和白飯，拌炒後加入薑黃粉拌均勻。❸

6 加入撥碎的鮭魚拌炒，盛起裝盤。❹

7 最後放上地瓜，完成。

—高麗菜蘋果鴨肉冬粉—

食材

· 鴨腿　　　一支
· 清水　　　300ml
· 高麗菜　　30g
· 蘋果　　　1/4 顆
· 冬粉　　　10g
· 馬鈴薯　　40g
· 荷蘭芹　　3g
· 薑絲　　　少許

Tips.
一天一顆蘋果，
醫生遠離我。

—準備好食材，開始烹煮囉—

1 高麗菜洗淨，切成小片狀，蘋果洗淨切丁、馬鈴薯洗淨去皮，切小塊。❶

2 將鴨肉洗淨，倒入清水（水量淹過食材即可），再加入步驟 1 的食材及薑絲，接著放入電鍋，外鍋加入清水約 450ml。❷

3 起一鍋滾水，將冬粉放入煮熟，撈起。

4 將荷蘭芹切珠狀。

5 等電鍋跳起後倒入碗中，先將鴨腿取出去骨，切成寵物適口大小，再連同冬粉放入碗中。

6 撒上切好的荷蘭芹即可。

─黃金地瓜豬千層飯─

食材

食材	份量
· 臺灣紅肉地瓜	45g
· 豬肉片	75g
· 青江菜	15g
· 紅蘿蔔	15g
· 白飯	75g
· 紫色紫蘇葉	四片
· 蔓越莓果	數顆
· 芝麻油	一茶匙

Tips.
素有紅寶石之稱的「蔓越莓」，因含有豐富的維生素C、前花青素等，可幫助體內清除過多的自由基達到抗老功效，對寵物下泌尿道症候群（膀胱炎、尿路感染等）也有幫助。

—準備好食材，開始烹煮囉—

1 地瓜蒸熟去皮後搗碎。

2 豬肉片汆燙至全熟。❶

3 青江菜和紅蘿蔔（切塊）放入豬肉片汆燙後的湯中燙熟後撈出，
切成細顆粒。❷

4 蔓越莓果切成細顆粒。

5 將搗碎的地瓜加入細顆粒狀的蔓越莓果拌勻備用。❸

6 白飯加入少許橄欖油及青江菜、紅蘿蔔後拌勻，平均分成兩塊長
方形。

7 一層飯做底，鋪上紫蘇葉、肉片、塗上地瓜、再蓋上一層飯，重
複上述步驟將食材堆疊完成即可。❹

—寵物香草廚房—

喵喵的香草鮮食
CATS HERBS KITCHEN

—————— 食譜 vs 難易度 ——————

1. 牛蒡丁香魚拌飯　♥♡♡♡
2. 咖哩椰香雞肉飯　♥♥♥♡
3. 金盞鮪魚南瓜粥　♥♥♥♡
4. 青醬海陸拌麵　♥♥♥♥
5. 羊奶相思粥　♥♥♡♡
6. 茅屋起司牛肉卷　♥♥♥♥
7. 香草豆漿雞肉鍋　♥♥♡♡
8. 時蔬蘋果焗蝴蝶麵　♥♥♥♡
9. 彩虹魚丸湯泡飯　♥♡♡♡
10. 彩蔬鯛魚豆腐堡　♥♥♡♡
11. 清燉鯛魚薑黃細麵　♥♥♥♡
12. 滑蛋豬肉蓋飯　♥♥♥♥

—牛蒡丁香魚拌飯—

食材

· 無鹽丁香魚乾	135g
· 紫菜	10g
· 海帶芽	10g
· 牛蒡	10g
· 柴魚片	1g
· 白飯	30g
· 亞麻籽	少許
· 黑芝麻	少許
· 高湯	140ml
· 榆木	少許

Tips.
榆木和牛蒡都能
處理便祕問題，
榆木還能緩解發
炎，對寵物支氣
管炎及咳嗽症狀
有幫助。

—準備好食材，開始烹煮囉—

1 海帶芽泡兩次水，去除鹽分後切成小塊。❶

2 牛蒡切絲。

3 將丁香魚、牛蒡絲及榆木片（煮好後撈起），放入高湯用小火煮
  五分鐘。❷❸

4 再將紫菜撕碎，連同海帶芽、柴魚片放入續煮一分鐘。❹

5 將煮好的湯倒入白飯中。

6 撒上亞麻籽和黑芝麻後即可。

─咖哩椰香雞肉飯─

食材

- 雞肉　　　　　120g
- 蝦仁　　　　　五隻
- 白飯　　　　　20g
- 乾燥椰片　　　3g
- 紫蘇葉　　　　兩片
- 胡椒薄荷葉　　兩片
- 歐芹　　　　　3g
- 椰子油　　　　兩茶匙
- 大黃瓜　　　　20g
- 萵苣　　　　　一葉
- 薑黃粉　　　　少許

Tips.
醫學界將歐芹推薦用於治療腎臟炎、膀胱炎和前列腺炎的蔬菜膳食食譜中。對寵物泌尿道感染、消化不良的問題很有幫助。

─準備好食材，開始烹煮囉─

1 將雞肉和蝦子切成小塊狀。❶

2 紫蘇葉、胡椒薄荷葉、荷蘭芹切碎。❷

3 將大黃瓜切成小塊，放入水中煮至五分熟。❸

4 熱鍋，將椰子油倒入後，放入雞肉炒至八分熟，再放蝦仁炒熟。

5 續放大黃瓜拌炒。❹

6 將步驟 2 的食材及薑黃粉放入拌勻，關火。❺

7 最後加入白飯拌勻。

8 將椰片及萵苣捏碎撒在飯上即可。

─金盞鮪魚南瓜粥─

食材

· 南瓜	100g
· 鮪魚	150g
（也可用無鹽的水煮鮪魚罐頭）	
· 雞肉	30g
· 杏鮑菇	10g
· 碗豆	10g
· 白飯	35g
· 高湯	200g
· 金盞花	少許

Tips.

金盞花富含類黃酮、胡蘿蔔素及多種維生素，是一種藥用的天然香草。可幫助寵物抗發炎、防感染以及調整免疫系統，改善毛小孩的過敏體質。

─準備好食材，開始烹煮囉─

1 將南瓜放入電鍋蒸熟，取出切成小塊狀。

2 杏鮑菇、雞肉洗淨切成小塊狀。❶

3 高湯中放入杏鮑菇、雞肉、碗豆，用小火煮五分鐘。❷

4 再加入白飯及鮪魚續煮五分鐘。

5 最後加入南瓜續煮一分鐘。❸❹

6 裝入碗中，撒上金盞花瓣即可。

—青醬海陸拌麵—

食材

· 豬肉片　　　　　45g
· 鯛魚片　　　　　40g
· 鮭魚片　　　　　40g
· 有機芋頭麵條　　25g
· 金盞花　　　　　少許
· 小蕃茄　　　　　一顆
· 青醬

(無鹽起司、杏仁果、大蒜、甜羅勒葉、橄欖油)

· 蝦仁　　　　　　五隻
· 西瓜皮　　　　　20g
· 綠花椰菜　　　　10g

Tips.
科學研究證實，羅勒具有強大的抗氧化、防癌、抗病毒和抗微生物性能。對於寵物的膀胱炎和消化問題有助益。

—準備好食材，開始烹煮囉—

1 杏仁果（可用腰果、松子替代）進烤箱烤至金黃（不可烤焦）。

2 將杏仁果、大蒜、甜羅勒葉、橄欖油放入果汁機打碎，再放入無鹽起司續打三十秒，即為青醬。

3 滾水放入豬肉片、鯛魚片、鮭魚片，汆燙熟透起鍋放涼備用。❶

4 將義大利麵放入滾水中煮熟撈起，切成五公分左右大小，放涼。

5 綠花椰菜汆燙，切小段。

6 小番茄切片、西瓜皮洗淨、去皮，將白肉部分切小丁。❷

7 將青醬、小番茄、西瓜皮丁、豬肉片（可切絲）、綠花椰菜、義大利麵共同拌勻。❸

8 最後放上鯛魚片、鮭魚片與肉片，稍微拌勻即可。

―羊奶相思粥―

食材

· 蒸熟的小紅豆（不加糖）	35g
· 雞肉	65g
· 原野蔬果樂	1.5 匙
· 羊奶 （羊奶粉或鮮乳均可）	200ml
· 荊芥葉 （或使用乾燥葉片兩片）	一片
· 碗豆	10g
· 清水（汆燙用）	200ml
· 椰子油	1/4 茶匙

Tips.

荊芥相當於貓科動物的清酒，會產生迷醉的反應，有協助喵喵情緒安定和舒壓的正面效果。身體上則能使幫助抗痙攣、神經鬆弛以及止瀉。

―準備好食材，開始烹煮囉―

1 清水煮滾，先汆燙雞肉一分鐘，撈起切丁狀。❶

2 再放入碗豆煮五分鐘（冷凍只需三十秒）撈起。

3 羊奶以小火煮熱，放入步驟 1、2 的食材與蒸熟的小紅豆，小火
  蓋鍋續煮七分鐘。❷❸

4 再放入原野蔬果樂，蓋鍋續煮三分鐘。

5 盛入碗中，淋上椰子油後拌勻。

6 撒上切碎的荊芥葉即可。

─茅屋起司牛肉卷─

食材

· 牛肉片	120g
· 茅屋起司	20g
· 鮪魚	35g
（可用無鹽罐頭鮪魚）	
· 白米	35g
· 德國洋甘菊	2g
· 橄欖油	兩茶匙
· 黑芝麻	少許
· 綠花椰菜	25g

Tips.

德國洋甘菊能減弱過敏反應，還有局部麻醉的作用，對於寵物的體內外發炎狀況以及調整消化不良的問題都有不錯的益處。

—準備好食材，開始烹煮囉—

1 將德國洋甘菊洗淨切碎，放入白米中一起蒸煮。 **❶**

2 鮪魚用水煮熟，瀝乾湯汁後絞碎。

3 綠花椰菜用滾水汆燙後切段。

4 將牛肉片鋪平，鋪上一層煮好的飯，再鋪上一層茅屋起司，最後
鋪上鮪魚及一小段綠花椰菜，然後將牛肉片捲起包好。**❷❸❹**

5 鍋中倒入橄欖油，以小火加熱，將包好的牛肉片卷放入鍋中快速
煎三十秒。

6 盛盤後撒上黑芝麻即可。

—香草豆漿雞肉鍋—

食材

食材	份量
· 無糖豆漿	180ml
· 雞肉	100g
· 雞肝	10g
· 白飯	20g
· 藥蜀葵	少許
· 荊芥	少許
· 迷迭香	少許
· 大黃瓜	20g
· 地瓜	20g
· 荷蘭芹	少許

Tips.

藥蜀葵是一種全面性護理藥草，非常適合高齡寵物作為保養之用。尤其是腸胃（如便祕、拉肚子、毛球症）與黏膜組織發炎的問題皆有助益。

—準備好食材，開始烹煮囉—

1 雞肉和雞肝以清水煮至八分熟，撈起切塊狀。❶

2 將藥蜀葵、荊芥、迷迭香切碎。

3 荷蘭芹切細末。

4 大黃瓜、地瓜切小塊狀，放電鍋蒸熟。❷

5 豆漿用小火加熱，放入步驟 1、2 的食材及大黃瓜，煮八分鐘。
❸

6 將煮好的豆漿到入白飯上，再放上地瓜。❹

7 最後撒上荷蘭芹碎末。

—時蔬蘋果焗蝴蝶麵—

食材

· 牛絞肉	120g
· 青江菜	5g
· 紅蘿蔔	10g
· 杏鮑菇	5g
· 青椒	3g
· 大蒜	少許
· 橄欖油	一茶匙
· 茅屋起司	20g
· 義大利麵（蝶型）	20g
· 蘋果	10g
· 迷迭香	少許

Tips.

迷迭香在醫學研究中被證實具有預防心腦血管疾病和治療等等價值。除了可以幫助處理寵物的腸胃消化問題，更適合高齡毛小孩保養使用。

—準備好食材，開始烹煮囉—

1 滾水，將義大利麵煮熟後撈起，放入橄欖油拌勻。❶

2 將紅蘿蔔與杏鮑菇用滾水煮兩分鐘。

3 青江菜、紅蘿蔔、青椒、杏鮑菇、大蒜、蘋果切細顆粒。❷

4 將切好的蔬菜與牛絞肉拌勻。❸

5 將煮好的義大利麵鋪在烤盤，牛絞肉平均放在麵上，最後再放上
茅屋起司及迷迭香。❹

6 放入烤箱用 180 度烤十分鐘。

7 拌勻放涼即可食用。

—彩虹魚丸湯泡飯—

食材

· 鮭魚	50g	· 小麥草	三支
· 鮪魚	50g	· 鹽	少許
· 鯛魚	50g	· 綠花椰菜	20g
· 五花豬絞肉	75g		
· 紅蘿蔔	20g		
· 芋頭	20g		
· 荷蘭芹	5g		
· 蛋	一顆		
· 番薯粉	30g		
· 芝麻油	少許		
· 冰塊	150g		
· 白飯	50g		

Tips.
雞蛋的高蛋白質與核黃素對寵物的消化吸收很有幫助，也是營養補充物之一。

─準備好食材，開始烹煮囉─

1 芋頭先蒸熟。

2 製作配色蔬菜（將紅蘿蔔、芋頭、荷蘭芹、綠花椰菜，一半剁碎成細末，另一半磨成泥狀）。❶

3 將番薯粉 10g 加入 20g 清水拌勻成番薯水。

4 每種魚類冷凍後，分別放入攪拌機絞碎（絞碎過程需加入 50g 碎冰）。❷

5 再加入 25g 的豬絞肉、鹽、芝麻油、配色蔬菜（分三種）繼續拌勻。❸

6 將攪拌好的魚漿倒入鍋中，加入全蛋 1/3 顆、四顆冰塊和番薯水順著同一方向攪拌五分鐘至黏稠狀。❹

7 滾水開小火，將魚漿捏成直徑約 1.5 公分大小的圓球後，放入滾水中。

8 等魚丸浮在水上後，將魚丸及湯淋在白飯上，撒上切碎的小麥草即可。

—彩蔬鯛魚豆腐堡—

食材

· 鯛魚片	100g
· 白飯	10g
· 家常豆腐	30g
· 原野蔬果樂	一匙
· 椰子油	一茶匙
· 蕁麻葉	兩片
· 亞麻仁籽和黑芝麻	少許

Tips.
蕁麻在德國是常常使用的單味藥用植物之一，對於寵物過敏性的問題很有幫助。

—準備好食材，開始烹煮囉—

1 鯛魚片汆燙熟後放涼，然後捏碎。❶

2 將原野蔬果樂放入鯛魚汆燙後的湯中浸泡三分鐘後撈起。

3 將蕁麻葉切碎，拌入椰子油。❷

4 豆腐壓碎後加入前述材料拌勻。❸

5 將拌勻的材料與白飯混和。❹

6 撒上亞麻仁籽和黑芝麻。

─清燉鯛魚薑黃細麵─

食材

- 鯛魚　　　　　140g
- 豆芽　　　　　15g
- 紅蘿蔔　　　　10g
- 薑　　　　　　3g
- 魚腥草葉　　　兩片
- 有機薑黃麵條　25g
- 芝麻油　　　　少許
- 高湯　　　　　180ml

Tips.
魚腥草可促進循環、幫助強壯心血管系統。

—準備好食材，開始烹煮囉—

1 待水滾後放入鯛魚，用中火煮三分鐘，撈起切塊。

2 接著將薑黃麵條切成十公分，放入鍋中煮熟，撈起放入碗中。

3 紅蘿蔔、薑、魚腥草切成細絲。

4 高湯以小火煮滾，放入紅蘿蔔、豆芽、薑、魚腥草煮三分鐘。❶

5 接著放入鯛魚續煮兩分鐘。❷❸

6 將煮好的魚湯倒入麵碗中，撒上芝麻油。❹

—滑蛋豬肉蓋飯—

食材

·豬肉	100g
·小松菜	10g
·紅蘿蔔	10g
·雞蛋	一顆
·紫蘇葉	兩片
·金針菇	10g
·白飯	20g
·椰子油	兩茶匙
·荷蘭芹	少許

Tips.
紫蘇葉含有大量β—胡蘿蔔素的，可維護寵物被毛健康，減少過敏。

—準備好食材，開始烹煮囉—

1 將雞肉、紅蘿蔔、紫蘇葉切成小薄塊狀，小松菜、金針菇切成 0.5 公分一段。❶❷

2 荷蘭芹切細末。

3 將一匙椰子油倒進鍋中，中火將雞肉入鍋煎至七分熟，再續放入紅蘿蔔、小松菜和金針菇炒熟（可加一些清水）後盛起。❸

4 將一匙椰子油倒進鍋中，小火加熱，打散的雞蛋加一匙高湯，快速炒到約六分熟後關火。❹

5 接著加入步驟 3 的食材拌勻。❺

6 將步驟 5 的食材倒在白飯上，撒上荷蘭芹末。

─香草大觀園─
FRAGRANT HERB
GRAND VIEW

—香草索引—

大蒜 Allium sativum

科　　屬：百合科
使用部位：鱗莖
藥　　性：溫性

使用安全：2d
效　　用：外敷 — 抗菌效果強大。
　　　　　食用 — 促進食慾、增強免疫力和心
　　　　　　　　血管系統的作用、抗菌及抗
　　　　　　　　感染。

★食用前請務必諮詢獸醫師。
★勿食用過量，因為刺激性太大，容易造成潰
　瘍及溶血性貧血。
★三個月以下的寵物請勿餵食。

古老歷史

　　原產地在中亞和西亞的大蒜，現在在世界各地也都有它的影子了，大蒜這個古老的草本植物，是許多料理的基本食材，如果少了這一味，很多名菜就不那麼出色了。大蒜本身擁有許多神奇的傳說，我們最常看到的就是在電影中有人會在脖子上掛著一長串大蒜，據說可以驅除吸血鬼。在跑步比賽時，身上若藏著大蒜，就可以發揮神力跑得比任何人還快；為避免船難和山難發生，水手和登山者可以在身上帶著大蒜，躲掉不好的事情。大蒜是希臘神話中黑卡蒂女神的專屬藥草，傳說如果你供奉大蒜給她，她就會好好照顧你的小孩長大。

　　古埃及人知道大蒜可以消除疲勞及治療病痛，因而在建造金字塔的時候，埃及工人食用了大量的大蒜來增加體力和預防疾病，這是從考古學家在距今西元一千三百多年前，埃及法老王「圖坦卡蒙」的金字塔中，發現了大量大蒜的化石來證明的。

　　而古羅馬帝國時期，戰爭不斷，

軍隊物資短缺，在醫療的記錄中發現，軍醫會將大蒜用來治療士兵的傷風感冒、胃腸潰瘍、呼吸道疾病等問題。印度醫學之父說：「大蒜具有強心，促進血循和延年益壽的效果，除了討厭的氣味外，其實際價值比黃金還高。」

西元前三千年前，印度傳統自然醫學，阿蘇吠陀系統裡記錄大蒜是擁有多功能的藥草。中世紀的法國也曾用它來治療哮喘。中國，李時珍的《本草綱目》對大蒜也有記載，東漢名醫華陀更曾經以大蒜入藥。看來大蒜這個植物影響人類比我們想像的更大，更多也更久遠！

現代醫學

全世界都公認大蒜是最接近藥品的健康蔬菜，所以大蒜有泥土裡長的盤尼西林，與「窮人的靈芝」等美稱。美國國家癌症研究機構從 40 多種可能具抗癌效果的食物中，選定大蒜為第一個研究食品。在日本，大蒜被認為可以增強精、氣、神，甚至對於男性還有壯陽的效果。在英國，自然療法用大蒜治癌，直到現在仍用它來治療高血壓。在中國，中醫名著《本草綱目》中提到：大蒜「能通五臟，達諸竅，去寒濕，辟邪惡，消癥腫」。在印度，醫生發現吃生蒜會影響前列腺素的分泌，可以減輕關節疼痛感。在德國，醫學研究指出蒜頭可以讓情緒高亢，並且較不容易焦慮、易怒、激動、疲倦。韓國研究發現，大蒜的辛辣口感和刺鼻氣味（硫化物），可活化免疫系統以及保護胃壁。

現今科學都能確認大蒜的神奇效果，對於心血管疾病中的血管脂肪囤積，可以有效的清除並減緩血管硬化，含有多元的抗氧化成份也能保護肝和腦的退化問題，也可降低約 10% 的膽固醇指數和降血糖……能擁有這麼多的醫療功能，都是因為大蒜中含豐富的抗氧化元素硒及 15 種以上的抗氧化劑物質，還有 200 多種不同的化學成份。研究顯示大蒜的抗氧化作用比人參還強，因為能抵抗自由基的破壞，美國國家癌症機構才會將大蒜列為最有潛力的防癌食品，並成為被廣泛用於防癌、抗輻射的主要研究植物之一。

心靈傳說

咬一口大蒜，那種嗆而有力的辛辣衝擊，真想放棄吐掉，也想流著眼淚跟它搏到底。有時你非得要有更強大的耐力才能度過現狀，一切就苦盡甘來了。對於寵物學習一項新事物或到新環境一直無法適應，可以將一點點大蒜放在食物內，讓他有更靈活的頭腦來打破這些心理障礙。

藥蜀葵 Althaea officinalis

科　　屬：錦葵科
使用部位：根部
藥　　性：寒性

使用安全：1
效　　用：外敷－毛孩子皮膚及耳朵的細菌感染，
　　　　　造成紅癢痛問題、傷口和燒燙傷
　　　　　的紅腫發炎狀況。
　　　　食用－腸胃問題（便秘、拉肚子、預防
　　　　　毛球症）、黏膜發炎（喉嚨、腸、
　　　　　胃等）。

★ 低血糖的毛孩子食用要注意用量。

古老歷史

　　藥蜀葵原產於歐洲與西亞一帶，學名源自於希臘文的 Althino 一字，是「治療」的意思，代表這個香藥草擁有「治癒及療護」作用。相傳藥蜀葵是因為十字軍東征時，特別將這種花語為「夢」的美麗野生蜀葵花帶回歐洲而傳開，因為當時並不知道這個植物的名字，只覺得其花型類似「錦葵」，又有療癒的效果，因而稱它為「神聖的葵花」。

　　關於藥蜀葵的使用，目前藥草學

的研究最早可以追朔到古埃及時期，當時埃及醫療還是以草藥為主要的治療方式，醫師會使用多種不同香藥草所混合的草藥泥給予病患服用，也可以塗抹或吸聞，以達到治療的效果。其中有一個配方就是將藥蜀葵的根，榨汁後和蜂蜜混合在一起，用來處理喉嚨痛的問題。

　　古羅馬時期，征戰頻繁，古羅馬士兵在出門作戰前，會將藥蜀葵製成膏藥，以便在作戰受傷時可以使用來治療傷口。一直到文藝復興時期，草

藥師還是會將藥蜀葵的根及葉子熬煮成草藥膏，用來治療皮膚病，傷口、喉嚨發炎還有胃痛。

現代醫學

藥蜀葵使用在治療喉嚨發炎和咳嗽的歷史很長，內科醫生 Jeffrey Linder 曾表示：「如果喉嚨腫大，吞嚥食物困難，藥用蜀葵根的滑潤性質且帶有甜味，能為病人提供一些助益。」《民俗藥理雜誌》上曾經有發表過一篇關於藥蜀葵與呼吸道疾病的研究。研究發現藥用蜀葵根可以緩解喉嚨痛的原因，在於其含有的植物凝膠成份，具有保護和減輕疼痛的作用。藥蜀葵因為含有大量的植物黏液，與水混合後會形成黏黏的凝膠狀，可以舒緩各種發炎問題，《Chemical & Engineering News.》曾經做過研究認為，直到中世紀，藥蜀葵還是治療喉嚨與呼吸道疾病的重要草藥。

《中華本草》紀錄藥蜀葵的藥理作用為「根可作潤滑藥，用於粘膜炎癥，起保護、緩和刺激的作用。」而且不管是內服、外敷都有藥方紀錄，對於燙傷、皮膚病感染也有保護與加速癒合的效果。因此現在市面上可以看到很多藥蜀葵的美容保養品，添加於保濕品、面膜、護膚水等等。

心靈傳說

大家知道嗎？古時候的棉花糖是由藥蜀葵做成的喔！

十九世紀時，藥蜀葵傳到法國，法國廚師發現藥蜀葵的植物黏液與水混合後會成為濃濃的凝膠狀，於是把藥蜀葵的黏液與糖漿、蛋白、香草蘭籽細心攪拌後，就製成可口的棉花糖。

藥蜀葵是一種全面性護理的藥草，非常適合提供給高齡的寵物作為保養使用。

牛蒡 Arctium lappa

科　　屬：菊科
使用部位：根部
藥　　性：寒性

使用安全：1
效　　用：外敷－可作為傷口的清洗劑。
　　　　　食用－便祕問題、乾燥皮膚所產生的皮
　　　　　屑及過敏問題。

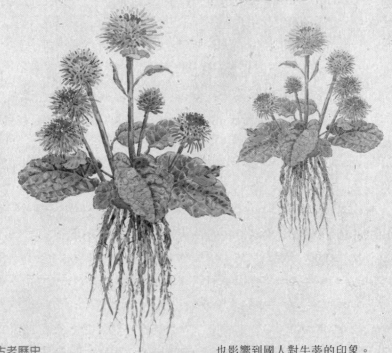

古老歷史

　　牛蒡的原產地，有人說在中國，也有人說是地中海和西非的野生品種衍生出的。

　　原本牛蒡是用來當「牛」的飼料，農夫發現牛在吃完這種植物後，力氣好像變更大了，所以又稱牛蒡為大力子。在西元九四〇年前後，牛蒡慢慢傳入到日本，當日本人發現這是一種很特別的植物後，就開始研發及栽培，到了現在，牛蒡對日本人來說等於是營養和保健價值極佳的蔬菜，

也影響到國人對牛蒡的印象。

　　牛蒡因為含有豐富的礦物質、胺基酸、纖維質，又被稱為東洋人蔘或東洋蘿蔔。有趣的是，亞洲人把牛蒡當成美味料理的食材，而歐洲人卻當成傳統藥材使用。或許歐洲人是對的喔！中醫稱牛蒡為「鼠粘子」或「大力子」，在《本草綱目》中有詳細記載牛蒡能「通十二經脈，除五臟惡氣」「久服輕身耐老」，也就是說常常食用牛蒡可以讓身體產生輕盈、年輕的感覺喔！

臺灣民間通常將牛蒡作為補腎、壯陽、滋陰之聖品。其實牛蒡還有一個對女性很好的功能，就是去鬱及促進血液循環。長期久坐辦公室的 OL 族，如果不想每天腳腫、腿重、頭暈目眩，那就讓牛蒡來幫幫妳吧。

現代醫學

傳統的印度醫學將牛蒡定義為「淨血藥王」，這在現在的科學中已經得到了驗證，因為其中所含的槲皮素和木犀草素能清除體內毒素、淨化血液、促進新陳代謝，有助於殺死體內的真菌和細菌。牛蒡也含有多種多酚類物質，能提升肝臟的代謝能力並恢復受損的肝臟細胞，維持膽囊、肝臟正常機能，對於現代人生活作息不正常所造成的身體負擔有很好的恢復作用。牛蒡也被稱為大自然的最佳清血劑，有利尿與改善濕疹、牛皮癬等功效。

艾爾‧敏德爾是美國著名的保健專家，他所寫的《抗衰老聖典》指出：「牛蒡深受全世界人們的喜愛，它是一種可以幫助人體維持良好工作狀態的溫和營養藥草，而對體內系統的平衡具有復原功效。」

牛蒡被認為是蔬菜中營養價值非常完整的食材，而全世界最長壽的日本人也很愛食用牛蒡。牛蒡根中的鈣含量是根莖類蔬菜中最高的，還含有十七種胺基酸，其中七種是人體無法自行生成的必需胺基酸；牛蒡的纖維豐富，能促進腸道蠕動，排便順暢。

心靈傳說

牛蒡的花朵如敞開的傘般奔放，紫色的花朵會產出有倒鉤的種子，任何動物經過都會緊緊的抓住，黏滿全身。就像是我們或寵物遇到憤怒的事情時，總是緊抓著無法流動的情緒能量，不放過別人，也不放過自己。牛蒡可以幫助排出這些停滯、廢棄的物質，避免停留在對事情的偏見中。

燕麥 Avena sativa

科　　屬：禾本科
使用部位：地上整株
藥　　性：溫性

使用安全：1
效　　用：外敷－對於皮膚乾燥搔癢和發炎的狀況
　　　　　　有鎮靜及保濕的效用（整株使用
　　　　　　效果最好）。
　　　　　食用－營養補充。

★ 不可生食

古老歷史

關於燕麥的原產地，其中的一種說法是，大約在兩千年前的小亞細亞和歐洲東南部就有野生燕麥的蹤跡了，之後做為栽種使用的燕麥就是由那裡延伸出來的。而最早食用燕麥的歷史，相傳是在中世紀時期的歐洲，但只有在蘇格蘭等少數地區有人食用燕麥。不過在中國最早的栽培記錄可以追溯到兩千五百年前。中國古代醫書中也有記載到燕麥，是藥用價值很高的一種植物。

在十九世紀初，燕麥就被當做牲畜的飼料來使用。當時有一名醫生到加利福尼亞州訪問，無意間注意到當地的居民很少有高血壓，高血脂和糖尿病，因為好奇而開始研究，最後發現是因為當地居民都將帶皮的燕麥當作主食。到了十九世紀中期，雖然工業還未普及，但有一位叫做佛迪南·舒美克的人開發出製造麥片的技術，從此以美國為中心，燕麥開始作為人類的食物，並迅速推廣到全世界。

燕麥不論對人類或是動物來說，

都是一種優質且健康的食物。它具有低碳水化合物與高蛋白質的特點，更富含大量水溶性纖維，因而具有很強的保水功能，對於皮膚的龜裂、傷口的修護有很好的幫助。據史學家的研究，古代埃及王后及妃子們就有使用燕麥煮出來的水洗浴的習慣，據說能治療皮膚乾燥和搔癢的問題。

一九二一年，日本皇太子裕仁親王拜訪了歐洲各國，引進燕麥當作每天的早餐食物之一，因而改變了日本皇室之後的生活模式。

現代醫學

一九九七年，美國 FDA 認定燕麥為功能性食物，具有降低膽固醇、平穩血糖的功效。二〇〇四年，燕麥片又被 WHO（世界衛生組織）列為十大健康食品。之後美國著名的《時代》雜誌評選的「全球十大健康食物」中，燕麥也名列第五，是唯一上榜的穀類。早年只是作為馬匹及牛隻飼料的燕麥，經過了近百年的洗禮竟成了健康營養的代言人了。

美國食品與藥物管理局（FDA）建議每天攝取 3g 含有豐富 β—聚葡萄醣的燕麥，可以增加膽酸及膽固醇的代謝，降低體內低密度脂蛋白（LDL）與高密度脂蛋白（HDL）的比例。燕麥還含有高達 12% 的膳食纖維，能預防三高體質的生成和改善心血管疾病的問題。

一九九九年到二〇〇四年，里珀生活方式研究所，以不同類型的早餐做了一項研究，發現燕麥粥是含有低熱量、低卡路里、較高營養素的一種食品，食用燕麥還可供給大腦血液中固定的葡萄糖能量，有效提高注意力。此外，不只是以前的人會將燕麥用於外敷，現代人也會透過燕麥浴來改善敏感皮膚問題，除了可舒緩、止癢，更有助修復皮膚天然水份屏障，適合異位性皮膚炎、魚鱗癬、乾燥性肌膚或是敏感性肌膚的人使用。

心靈傳說

大型犬有著憨厚的外表，忠誠守護的決心，有時動作會太大，細節也較不靈活，卻依然像個長不大的孩子般，希望得到主人的呵護與疼愛。燕麥可以提供他營養的補充，讓他感覺如被擁抱般的溫暖。另外，高齡犬的腸道運行較不活絡，燕麥的水溶性纖維能幫助快速排除不必要的廢物，還可以保持皮膚健康。

金盞花 Calendula officinalis

科　　屬：菊科
使用部位：花朵
藥　　性：涼性

使用安全：2b
效　　用：外敷－皮膚感染或濕疹、用來清洗眼睛
　　　　　　　的液體。
　　　　　食用－幫助僵硬的關節活絡、可促進淋
　　　　　　　巴循環進而調節免疫系統。

★懷孕的寵物不可
　食用。
★貓咪只能短期使
　用（一星期）。

古老歷史

　　產於地中海一帶的金盞花，需要充足的陽光才能綻放它的美麗，也因為它含有天然的色素，在古印度、古希臘羅馬、阿拉伯人等都會用金盞菊作為天然的染料和化妝品，相傳也會拿來藥用和食用，增添食物的顏色和風味。現代的廚師有時也會用來取代番紅花，讓料理顏色有更多的變化。

　　金盞花在希臘神話中，有「離別之痛」、「失戀之苦」的引用，因此在歐美，金盞花寓意是「悲哀」、「分離」、「傷心」等花語。但我很難理解，這麼陽光的花怎麼會有如此悲悽的花語。

　　金盞花的學名 Calendula，是「連續好幾個月」之意，表示它綻放的花期是可以很長的。它的花朵如農夫一般日出而作，日落而息，跟隨著太陽來決定每日花朵綻放的幅度，有很巧妙的變化。因此非常受到插花者或是園藝種植者的喜愛。

　　金盞花在古代中醫和美國南北戰爭時被當作解毒、舒緩治療傷口的藥

草使用，又因藥性溫和且效果強，不論是大人或是小孩都適用，自古以來即是評價極高的天然藥用香草。

現代醫學

美國在一九九八年發布的實驗報告中指出，金盞花富含類黃酮、胡蘿蔔素及多種維生素，具抗發炎、防感染、抗過敏的成份，可用於外敷以及內用。不但可以改善如疹子及曬斑這類的皮膚問題，還能減輕燙傷疼痛並促進傷口癒合，對神經炎以及牙痛也有效。若是直接塗在耳朵裡，能舒緩耳痛，對小孩子的尿布疹及其他皮膚問題也有助益。法國的臨床試驗顯示，乳癌病人接受癌症放射線治療後，使用金盞花所製作的藥草膏，皮膚炎發生率比使用傳統藥膏減少一半。

《Journal of Young Pharm》期刊有一篇研究報告指出，金盞花油具有接近 SPF15 的天然防曬成份，能預防日曬後所造成的曬斑；另有一項實驗證實，金盞菊的浸泡油對於傷口的癒合有特別好的療效，因此在疤痕淡化及預防皮膚老化很有幫助。

根據奧地利研究室的研究報告表示，金盞花所含有的抗過敏成份，對於寵物的過敏性體質也能有舒緩及改善的幫助，尤其是小型犬種。

金盞花的花朵和葉子中，含有豐富且大量的葉黃素（Lutein）、β—胡蘿蔔素與玉米黃素（Zeaxanthin），有助於保護眼睛視網膜黃斑部，因此現在市場上有非常多金盞花的眼睛修護保健食品。

心靈傳說

對於不易治癒的頑固性傷口，金盞花有不可思議的療癒魔力。

當遇到了一隻過度謹慎小心或不肯再付出信任感情的毛小孩，給他飲用一些金盞花茶，能慢慢幫助他釋放不安的猶豫，安撫過度敏感的反應。

雷公根 Centella asiatica

科　　屬：傘型科　　　　使用安全：2b
使用部位：整株　　　　　效　　用：外敷－各種皮膚傷口的癒合、發炎以及
藥　　性：涼性　　　　　　　　　　　潰瘍。
　　　　　　　　　　　　　　　　　食用－皮膚以及關節發炎、血液循環問
　　　　　　　　　　　　　　　　　　　題、修護腦部神經傳導。

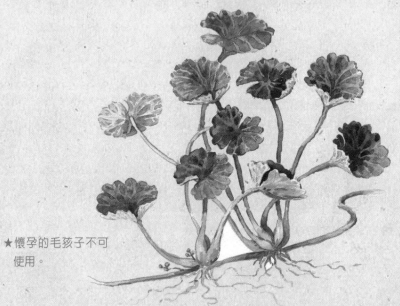

★懷孕的毛孩子不可
　使用。

古老歷史

　　雷公根的外型與許多草類的長相
非常雷同，都是圓圓的如一枚五元錢
幣，但仔細看就可瞧出端倪。傳說雷
公根在雷聲響過之後會加速生長，因
此被取名為「雷公根」。

　　雷公根屬於機能性香藥草，在
一百多年前，亞洲地區各種傳統醫療
體系都會使用。傳說最先使用雷公根
做為醫療用途的是印度人，在古印度
阿蘇吠陀的醫療體系中，把雷公根稱
為「長壽之草」，被視為重要藥材之

一。他們將雷公根浸泡後用來治療皮
膚發炎，也是溫和的利尿劑，甚至用
來冥想。

　　其他醫生則會用來治療心臟疾
病、支氣管炎、咳嗽等，並搗碎做成
外用敷劑，藉此改善皮膚問題。部落
婦女生完小孩，也會坐浴在雷公根的
浸泡水中，據說這樣可以幫助傷口的
癒合。若在野外被蚊蟲叮咬，把雷公
根的葉子揉爛，抹在被叮的地方，就
可以止癢了。

　　斯里蘭卡的僧伽羅族傳說，雷

公根有延長壽命的功效。而且從惱人的皮膚問題、難癒合的傷口，到可怕的痲瘋都可以用雷公根來治療。雷公根可以刺激神經系統，鎮定緊張，也被認為能改善末梢的血循，幫助結締組織更加緊密。族內還有個奇特的傳說，只要每天吃二片雷公根的葉子，就可以改善關節炎，所以雷公根又有了「關節之藥」的美稱。

在越南，人們會將略帶苦澀的雷公根和青蔥一起入菜，或是沙拉、煮湯食用，以達到養生的目的。

現代醫學

雷公根在目前的研究中尚未發現任何毒性副作用，因此是相當安全的香藥草。

在 Eeal Mindell 博士所著的《抗老化聖典》中認為：「此草藥對循環不良疾病有效，可強化靜脈及毛細血管，也能幫助全身的血液循環，並調整其彈性，可治靜脈炎、腿部痙攣和脹腫沉重或叮痛感。」由此可知，雷公根對於不能夠常常活動身體或長年臥病在床的人來說，相當有幫助。

雷公根在婦產科的手術上也占了很重要的地位，西元一九六六年，法國的醫學雜誌和一九八七年美國的醫學雜誌發表的研究報告都指出，婦女在生產之後有接受雷公根治療，比起只接受傳統治療的婦女，傷口痊癒的速度快很多。因而雷公根也常被推薦使用在生病和手術過後的病人身上。

大約五十年前還有一項對雷公根的醫學研究，受試者為一群有智能障礙的孩童，試驗發現雷公根能改善孩童的注意力，也比較能集中精神。

中國的《神農本草經》將雷公根（積雪草）列為上中下三品的中品，在多本醫書中也有介紹，不但有治療憂鬱症等情緒失調的效果，還能解熱，並減輕上呼吸道感染引起的充血症狀。

心靈傳說

雷公根是能滋養心智的香草植物，可以幫助寵物恢復生活的彈性跟加強適應力。若是你的寵物自我要求極高，凡事過度堅持自我，試試用雷公根平衡並降低寵物的焦慮狀況，讓煩躁的心靈平靜，自然應對生活中的挑戰。

由於雷公根對循環系統有益，對於無法常活動或長年臥病在床（高齡、癱瘓）的寵物來說也是非常有幫助的香草。

薑黃 Crucuma longa

科　　屬：薑科
使用部位：根、莖
藥　　性：溫性

使用安全：2b、2C
效　　用：外敷－止痛、消炎、抗菌以及幫助傷口
　　　　　　癒合。
　　　　　食用－淨化血液、保護肝臟、對關節腫
　　　　　　脹、發炎有治療的效用。

★勿過量食用。
★有肝炎及膽管阻塞、膽結石的
　毛孩子，請詢問專業人員後再
　做使用。

古老歷史

　　一直以來，薑黃這個植物在華語、坦米爾語和印度語等亞洲文化中屢見不鮮。薑黃和鬱金因為外型、顏色都很像，所以常常被混淆。一般人稱的薑黃是「黃鬱金」，而鬱金稱為「黑鬱金」。

　　好吃的咖哩裡就有薑黃這個材料，它是一種來自印度的香料妙藥，也是食物中的調味劑，相傳五千年前就已存在於古印度人的生活中，當時是當染料使用，之後慢慢擴展到醫療及料理上。兩千五百年前的古印度阿育吠陀醫學系統裡有記載，薑黃可以內服，對於傷口復原、血液淨化以及胃部疾病上有幫助；也可以外用，碰到肌肉的拉傷、腫脹、瘀青，薑黃可以與水混合成糊狀物再敷在局部，在當時可是一種很好的天然急救物呢！

　　十三世紀時，馬可波羅的亞洲遊記中曾提到薑黃這個香料，與世界上最昂貴的香料「番紅花」一樣，可以當作食物的著色劑，因此有人戲稱薑黃是「窮人的番紅花」。

印度現在每年生產約兩萬噸的薑黃，供應全世界約 94% 的需求，應該是全世界最重要的薑黃產地與交易區了。印度人將薑黃當成是一種豐盛的象徵，所以會在生活中的每個重要日子使用它，尤其是婚宴。他們會把薑黃粉塗在新娘子的臉上、身上或染製紗衣，這是婚前的一種淨化儀式，也是一種會帶來好運的方式。

現代醫學

在現今的生物免疫療法中，薑黃被認定為最具有醫療價值且值得研究的草本植物。聯合國世界衛生組織與美國食品藥品管理局，皆將薑黃批准為天然食品添加劑。在眾多的癌症研究中，有許多是針對薑黃素的討論，美國癌症研究協會及德州大學安德森癌症中心都指出，咖哩內所含的薑黃素，除了具有消炎和抗老作用，還有活化肝細胞及抑制癌細胞的功能，在多發性骨髓瘤這種血癌的人體細胞內，加入薑黃素，不但可以消滅原有癌細胞，還能阻止它不斷複製。這在哥倫比亞大學對於抑制癌細胞的研究論文中也有提到類似案例。

此外，薑黃對肝炎病毒也有很好的抑制作用，並且能修補受損的肝臟細胞並恢復其功能。二〇〇七年，來自德克薩斯大學安德森癌症中心，一篇名為《Curcumin：the Indian solid gold》的研究報告，

以及洛杉磯加州大學的研究中，都有詳述薑黃對於發炎類疾病的預防和治療效果，並說明薑黃素可以吞噬異常蛋白，激發免疫細胞，預防阿滋海默症和老年癡呆症的發生。

心靈傳說

有些寵物非常喜歡跟其他寵物拌嘴，不管在家裡或在路上，只要一看到別的寵物，身體馬上像「定格」般不動，進而準備攻擊。若不即時制止，後果如何就不得而知了。

薑黃除了可以排除寵物體內的毒素，也可以使寵物用幽默開朗的態度，來面對生活中的各式糾紛，並找到化解的方法！

山楂 Crataegus monogyna

科　　屬：薔薇科　　　　使用安全：1
使用部位：葉、花、　　　效　　用：食用─腎臟和心血管疾病的營養保健
　　　　　果實　　　　　　　　　　　品、維持血壓平衡。
藥　　性：溫性

古老歷史

　　山楂發現於歐洲，但亞洲、非洲、美洲到處都有它的影子。近代藥理萃取是使用山楂的葉子與花朵，傳統是將它當水果來食用，但實在太酸澀而少有人直接食用。

　　在中古世紀，歐洲的草藥治療師對山楂的運用很廣。他們認為山楂是一種神聖的植物，可以阻擋邪惡的魔鬼，所以將山楂種在院子當柵欄或是山野間的牧場邊上作為屏障，阻擋不好的事物接近。

　　在西元一世紀時，古羅馬時期的希臘醫生與藥理學家，迪奧科里斯（Pedanius Dioscorides）將植物分為芳香、烹飪及藥用三大類，「山楂」即是分作為藥用使用。

　　在中國及臺灣等地則將山楂視為水果、藥材兼用的樹種。《嵩嶽文獻》記載中國在五千年前就會用山楂釀酒，酸酸澀澀的酒紅色透明汁液，更是中藥鋪裡搭配古法熬製酸梅湯的配料之一，是去油解膩的聖品，現在仍然是中醫師常用來做為降低血脂的

中藥材。

山楂可以增加胃酸分泌，加速分解肉類脂肪，因此前幾年 OL 族群們還流行過山楂減肥法。歷代中國的食經也記載山楂可以軟化老肉，使堅韌肉質變得柔腴順口的特色。

現代醫學

山楂有「心血管守衛」的美名，雖然山楂對於多種疾病皆有幫助，但是最主要的幫助還是在於心血管方面的疾病，具有擴張血管、強心、增加冠脈血流量、改善心臟活力、興奮中樞神經系統、降低血壓和膽固醇、軟化血管及利尿和鎮靜等作用。

在十九世紀末期，歐洲的醫生發現山楂可以當作強心劑來使用。也有研究指出，補充山楂萃取物能使受測者靜態舒張壓明顯下降，所以心血管疾病及高血壓患者，平時可以試著將山楂當成小零嘴食用。

山楂之所以對人體有那麼大的好處，主因在於其含有生物類黃酮、牡荊素、多種有機酸、類似 ACE 抑制劑的物質、兩種兒茶素聚合體等物質，能幫助擴張冠狀血管，降低血壓和血膽固醇，有效中和有毒的物質，對痢疾桿菌及大腸桿菌也有較強的抑制作用。

心靈傳說

山楂在歐洲，是具有神聖保護作用的植物代表，除了因為帶刺的守衛形象之外，也是對身體健康很有幫助的植物，是整株都有極大用處，擁有第四脈輪—心脈的能量，能展現大愛的植物。

對於失去愛（失去陪伴者、失去小幼幼、失去主人）的毛孩，可以使用山楂來給予心臟能量，接受不一樣的生命旅程。

朝鮮薊 Cynara scolymus

科　　屬：菊科
使用部位：苞葉
藥　　性：溫性

使用安全：2b、2C
效　　用：食用 — 保護肝臟、防止動脈硬化、刺激膽汁分泌、強健肝細胞、幫助腸胃道消化、降低膽固醇。

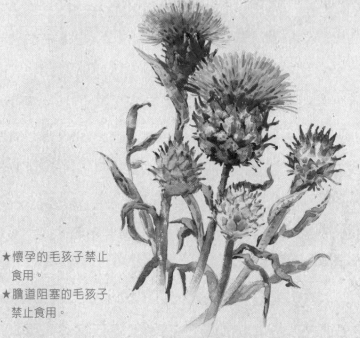

★懷孕的毛孩子禁止食用。
★膽道阻塞的毛孩子禁止食用。

古老歷史

　　朝鮮薊在香港又被稱為「雅枝竹」，也有人暱稱其為「法國百合」，名字很風雅，自古以來就被埃及人和羅馬人視為神奇而珍貴的蔬菜。

　　朝鮮薊原產於地中海域，靠近西西里地區，直到十五世紀後隨著羅馬帝國移植到歐洲。由於它有一種奇妙的苦味及特殊綿密的口感，還具有神奇的醫療功效，因此獲得了「蔬菜之皇」的封號。傳統上，朝鮮薊一直是被用於治療消化不良和保護及恢復肝臟的機能，世界衛生組織於二○○九年列入為「藥用植物」。

　　如果看過朝鮮薊的花，就會知道它的花形大而華麗，顏色多元又淡雅，法國食譜列為可食用的花，並有「貴族菜」的美名。在許多大型插花作品中也都會使用到它的花朵，是無論在美食界、花藝界都非常受歡迎的寵兒呢！

現代醫學

　　西元一九六六年，研究人員在

一項老鼠肝細胞再生研究中發現，朝鮮薊具有解毒和保護肝臟的特性。西元一九九四年，學者專家進行了一項雙盲研究，發現朝鮮薊不但可以保護肝臟，還具有刺激肝臟分泌膽汁的功能。接下來的研究也都一致認為朝鮮薊對於肝、膽功能的恢復有很大的幫助。此外，在許多藥理學相關的研究報告都有發現，朝鮮薊萃取物在養肝、護肝、抑制肝臟膽固醇上都有不錯的成績。

在歐洲地區，以薊類植物所製成的茶包是最受輔助瘦身歡迎的茶飲，飲用朝鮮薊或乳薊沖泡的茶，能夠幫助消解乳化脂肪、促進肝臟膽汁協助消化、促進新陳代謝，對便祕與腸胃方面的問題很有療效。朝鮮薊苞葉萃取物經過基礎臨床實驗，證實是具有治療功效、安全性高的少數高價值療效植物。

在《米謝爾醫師四週排毒聖經》中，美國自然醫學權威—米謝爾博士（Dr. Michelle S. Cook），稱讚朝鮮薊是一種能深層清潔肝臟和膽囊的藥草，並在排毒計畫中加入朝鮮薊。朝鮮薊可以修護肝臟、恢復肝臟健康、清潔血液毒素，具有治療肝臟功能不彰、肝臟損壞、肝臟疾病、消化不良、膽結石的功效。

心靈傳說

朝鮮薊具有羽狀深裂的葉子，葉背上有著銀綠色的茸毛，大而華麗的紫紅色花朵強壯又不失醒目，隱藏著上天給予生存韌性的療癒能量，最適合平日總是一個口令一個動作的工作犬（緝毒犬、搜救犬、軍犬、警犬、實驗犬等）。

工作犬的訓練是很制式的，為了讓狗狗專心服從命令，很多訓練相當於變相剝奪了他們與生俱來的天性。當工作犬在執行任務的時候，必須非常專注，心無旁騖，確實遵照主人的口令，長時間下來會導致工作犬的身心承受巨大的壓力。朝鮮薊的深層療癒功能可以幫助他們休養生息，積蓄力量再繼續往前走。

紫錐菊 Echinacea angustifolia

科　　屬：菊科
使用部位：全株、根
藥　　性：偏涼性

使用安全：　2d
效　　用：外敷 — 皮膚有傷口發炎的問題。
　　　　　食用 — 處理體內外感染症狀，提升自
　　　　　　　　我免疫力。

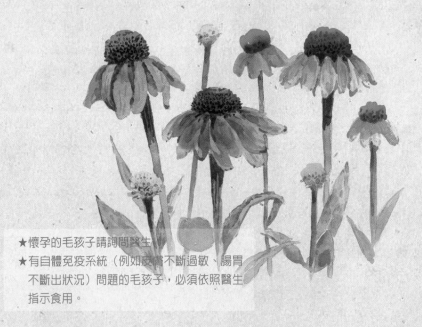

★懷孕的毛孩子請詢問醫生
★有自體免疫系統（例如皮膚不斷過敏、腸胃
　不斷出狀況）問題的毛孩子，必須依照醫生
　指示食用。

古老歷史

　　紫錐菊的學名是 Echinacea，來自希臘文 Echinos，意指花蕊長得像「刺蝟」一般。

　　紫錐菊原生種發現於東美，遍佈整個美洲。在歐洲探險艦隊抵達新大陸之前，紫錐菊已經被印地安原住民使用好幾個世紀了。大家有時會在美國印第安部落區，看到印地安人嘴裡叼著一根樹枝或兩三片葉子，那就是紫錐菊了。據說咬在嘴裡會有些刺刺和麻麻的感覺，讓我聯想到臺灣人咬檳榔，邊走邊吐「血」的風俗，兩者間應該有點類似的上癮感吧！

　　北美印第安人會將紫錐菊使用在各種皮膚上的傷口和急性感染症狀。譬如，當他們被毒蛇咬傷或蚊蟲叮咬時，就會將整株紫錐菊搗碎敷在傷口上。有時則是以食用的方式，像是遇到喉嚨痛、腸胃消化不良、牙齒痛時，會用紫錐菊的根和葉煮成藥草茶來飲用。因此，哥倫比亞的原住民甚至還把紫錐菊當成祭祀神明用的神聖植物呢！

現代醫學

　　在歐美，紫錐菊是一種家庭的常備「藥」。法國人幾乎每個家庭都會購買紫錐菊的產品，不舒服的時候就會服用。德國人只要冬天一到就會開始吃紫錐菊相關的保健食品，紫錐菊的效用是在預防醫學中很重要的發現，可以快速提昇免疫系統的抗病原的能力，適合在被病毒感染的初期使用。國外甚至有廠商特別將它的花粉應用在嬰兒奶粉配方之中。

　　歐洲草本科學共同體（ESCOP）及德國草本管理委員會（Commission E）皆有收錄紫錐菊的療效；而美國草本產品學會（AHPA）則嚴選為特用保健營養補充品。有了這些專業單位的背書，膳食補充食品產業在近幾年對紫錐菊的需求呈一直線上升。

　　現今科學研究紫錐菊香藥草是一種無明顯的劑量依賴性副作用、無超劑量副作用、無禁忌症和藥物相互排斥的一種保健品，這種藥草能夠維持和提升免疫系統的健康及運作，干擾病毒的侵擾。也由於紫錐花抗毒的意象明顯，政府特別創立了紫錐花運動，呼籲青少年成為解毒青年，拒絕毒品的誘惑。

心靈傳說

　　刺蝟狀的大頭紫錐菊，外表可愛、憨厚，卻從中心生出一個盾牌，如刺蝟般來強化心中的自我保護層。紫錐菊能化解不知道為什麼被主人遺棄的毛孩子心中的驚恐與憤怒，協助他儘快度過這段不愉快的經驗。

甜茴香 Foeniculum vulgare

科　　屬：傘型科
使用部位：種子
藥　　性：溫性

使用安全：2b、3
效　　用：外敷 — 驅除蚊蟲、跳蚤
　　　　　食用 — 改善口臭狀況、消除脹氣、減
　　　　　輕腹痛及消化等腸胃問題、增
　　　　　加哺乳期的母犬乳汁。

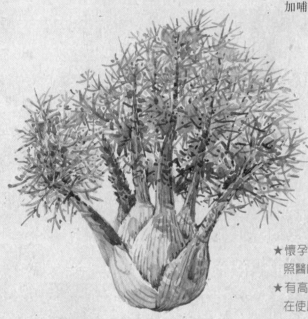

★懷孕中的毛孩子在食用前請依
　照醫師指導。
★有高血壓、腎臟病的毛小孩，
　在使用甜茴香時需短期且少量。

古老歷史

現在全世界茴香籽的生產量約在三萬公頓以上，在主要食用香料植物中排名第七位。

茴香原產於地中海的沿岸與東南亞，目前已分散生長在世界各個角落。醫學家李時珍也有記載：「俚俗多懷衿衽咀嚼，恐懷香之名，或以此也。」其中的「懷香」指的就是「茴香」了。

茴香的味道會令人想起媽媽滷肉的香氣，甜中帶點辛辣，不僅是一味香料，更是一種中藥，可佐膳又可入藥、屬於食、醫共存的香草。西元前四至五世紀，歐洲大陸的家家戶戶都會使用茴香做菜、泡茶，因此將它當作食物，至少有千年的歷史了。很可惜，茴香在澳大利亞和美國被視為是一種侵略性的雜草，完全忽略了這個天然良藥的價值。

中世紀時，每每到了仲夏之夜，人們都會將茴香和聖約翰草綁在一起掛在自家門口避邪。這跟我們在端午節時會將榕樹枝葉、香茅、艾草捆一

起掛在門口，有異曲同工之妙。相傳若將茴香磨成細粉撒在鞋中、家中牆角，甚至寵物的身上，可以防止昆蟲（跳蚤、壁蝨）和爬蟲類或其他毒蟲（蛇、蜈蚣）的靠近。

　　大約在西元前一五○○年，埃及人就開始用茴香釀酒飲用了。雖然現代的茴香酒多以大茴香為基底製作，但是古籍記載，西方名人、政要都有喝茴香酒的習慣，而且是大量飲用。十八世紀時，歐洲把茴香酒當作一種療效顯著的藥酒出售，考古學家也曾於戰爭和航海的相關記錄中發現茴香酒具預防疾病的功效。

　　茴香最廣泛的使用方式是料理，在印度、巴基斯坦、阿富汗、伊朗和中東的許多國家都會在料理中，使用茴香，讓料理帶有特殊的風味。

現代醫學

　　伊朗研究，性賀爾蒙不平衡的女性，若使用茴香精油可以改善太過陽剛的女性症狀，因為茴香有一個成份稱為「反式洋茴香腦」，雖然不是雌激素，但會與雌激素作用，對於女性更年期及經期不順的問題有幫助，還可以協助肌肉放鬆、鎮痛。

　　近代科學研究也發現，茴香能影響下視丘的核測餓覺中樞和飽覺中樞，可以抑制食慾也可以開胃，是一種有兩極化功能的植物。此外，茴香能抑制胃液分泌，促進腸蠕動、膽汁分泌。

　　另外，在西元一六五三年，尼可拉斯·卡爾培波（Nicholas Culpeper）出版了一本《完全草藥》，記載了三百六十九種英國藥草的功用，在茴香的篇章中有介紹茴香可以用來養肝及解肝毒，尤其是肝臟勞損或酒精造成的神經細胞病變，對於蟲、蛇、蜜蜂所咬的傷口也可以使用。

心靈傳說

　　甜茴香的味道溫暖而甘甜，發芽時需要黑暗（晚上）的力量。夜晚的寧靜能讓它發展出耐心等待的特質。

　　躁動的毛小孩，常常過度活潑，無法穩定的聽從指令，有時還會因為憤怒而暴衝。甜茴香的芳香能量可以協助喚醒他們深層的覺知，收回愛玩的心情，讓情緒恢復平衡。

　　對於第一次當媽媽的毛小孩，可以使用甜茴香入菜，除了補充營養，更能穩定狗媽媽及寶寶們的情緒。

墨角藻 Fucus vesiculosus

科　　屬：鹿角菜科
使用部位：葉狀體　　使用安全：2d
藥　　性：寒性　　效　　用：食用 — 對於堅硬腳爪、穩固牙齒、保
　　　　　　　　　　　　　　　護皮膚、潤澤毛髮均有幫助，
　　　　　　　　　　　　　　　並能強化免疫機能。

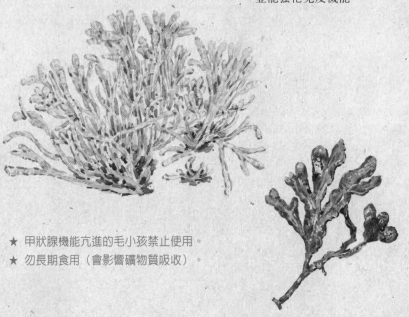

★ 甲狀腺機能亢進的毛小孩禁止使用。
★ 勿長期食用（會影響礦物質吸收）。

古老歷史

　　默角藻是一種長在海岸邊礁岩上的褐色藻類，由如外星人手掌的羽狀葉狀體所構成，有充滿空氣的豆莢囊，所以能浮在水面上。這種海草是在一八一二年被發現的，屬於 Fucaceae（墨角藻科）家族，它們生長在太平洋還有歐洲的北大西洋沿岸、波羅地海沿岸以及法國布列塔尼海岸。

　　有關海藻用於治療使用上的記載，《神農本草經》一書中提到海藻主治瘻瘤氣、頸下核等。李時珍所著《本草綱目》也有提到：「海藻鹹能潤下，寒能泄熱引水，故能消瘻瘤、結核陰之堅聚，而除浮腫香港腳留飲痰氣之濕熱，使邪氣自小便出也。」

　　在印尼及其它東南亞國家，海藻是他們的傳統護理藥材，用於退燒、治咳及泌尿疾病等。日本人食用海藻的歷史也很久遠，日本人認為，海藻可以加強身體防禦力，也有抗癌、抗腫瘤的能力。知名海藻學家，有「海藻第一夫人」美稱的伊莎貝拉·阿博

特（Isabella Aiona Abbott），出版過多本用海藻入菜的書籍，倡導食用海藻的優點。

現代醫學

一般海藻中的維生素 E 含量約在一百微克，但是墨角藻高達六百微克，是非常強的抗氧化食物。此外，在褐藻家族中發現的「海藻多酚」，也具有抗氧化力，扮演保護的角色。

現代保健市場上也有各種藻類相關的保養品，因為藻類含有多種對人體有益氨基酸，例如牛磺酸和心跳、腦化學、視力及神經細胞的正常調控有關，又有助於脂肪的消化，可抑制血液及肝臟膽固醇含量的增加，降低脂蛋白的氧化，預防動脈粥狀硬化的發生率。同時藻類也是一種很好的減重食材，海藻內含有高量的纖維，只要吸收水分膨脹，馬上就會有飽足感，纖維又能幫助腸胃消化及蠕動，加速廢物排泄，對於過度肥胖或膽固醇太高的毛小孩非常有幫助。

西元一九六六年，有研究提出海藻能促進人體淋巴球分裂作用，提升免疫機能。有科學家在研究如何使用海藻提取液來對抗如愛滋病等各種病毒。近年來，科學家特別關注褐色海藻表面獨有的黏滑成份，並萃取後製成「褐藻糖膠」，據說能改善人體機能、提高免疫力及防禦多種疾病。

心靈傳說

海藻是歷史久遠的海洋植物，有些可以細小得如沙，有些卻高至數米長，顏色百變，由淺淺的綠到深深的藍，還有紅色、紫色、褐色不等。每種藻類都具有不同的生物活性成份和各自的特性。

海洋默默孕育著無數的生機與物種，就像母親一樣無條件的付出，與海洋共生的藻類自然也有相同的能量。墨角藻可以幫助毛孩子在產後補充營養，若於成長期及過度肥胖的狀態下食用，能改善健康狀況。

甘草 Glycyrrhiza glaba

科　　屬：豆科
使用部位：根部、莖部
藥　　性：平
使用安全：2b、2c、2d
效　　用：外敷—寵物皮膚病問題
　　　　　　（過敏、乾癬）。
　　　　　食用—發炎性皮膚病、
　　　　　　呼吸系統問題、
　　　　　　慢性肝炎、腎上
　　　　　　腺疾病。

★懷孕和正在哺乳的毛孩子禁用。
★有心血管疾病的毛孩子，請依照
　醫師指示使用。

古老歷史

　　早在兩千多年以前就已經有甘草使用的記錄了。《詩經·邶風·簡兮》中提到「山有榛，隰有苓」，苓就是甘草，《神農本草經》中將其編列為上品之藥，《傷寒論》《金匱要略》等醫書中也都有甘草的藥方。

　　小時候，我們走進中醫院，因為病人眾多，醫生娘怕我們吵翻天，都會拿梅子片賄賂我們這些小蘿蔔頭。有時看我們咳嗽，就會換成一小片甜甜的木片—甘草，自此知道，原來甘草可以祛痰鎮咳。

　　有個歇後語是這樣說的，「藥里甘草—百搭」。明代《庚巳編》有記載，御醫盛寅有日在藥室工作時突然昏迷，後來被一位草藥醫生用甘草水救醒，當時人問這位草藥醫生為什麼知道要用甘草水呢？這位草藥醫生解釋，是因為御醫早上空腹進藥室工作，被各種藥氣薰到，中了藥毒，而甘草的特性是能中和各種藥，因此以甘草水救治。

　　現代醫學研究發現，甘草內所含

的有機物能夠緩解各種藥的劣性（不論中西藥，古人有云：「是藥三分毒」），強化藥理作用，因此甘草在中藥材應用非常多元，幾乎每一帖中藥裡，都會放上一兩片甘草做藥引。因為甘草除了自身的醫藥價值外，還能緩和藥性，調和百藥，被宋代醫學家陶弘景稱為中草藥的「國老」。

現代醫學

從甘草中提煉出的「甘草甜素」具有特殊的甜味，甜度約為砂糖的兩百五十倍，使用上非常多元，在醫藥、食品、化妝品上都可以看到甘草甜素。醫學上可治療過敏疾病、解食物、藥物、體內代謝產生的毒素，也有抑制肝細胞炎症的效果。生活上，甘草甜素能當作代糖使用，也因為乳化效果穩定，且有增香性，會用在咖啡、啤酒或巧克力製品上。在化妝品上，甘草甜素有美白、抗發炎、保濕等功效，因此市面上也有甘草甜素的

洗面乳、面膜等產品。

中藥也有許多藥方與甘草關係密切。例如治療心氣不足的「炙甘草湯」、陰血不足，筋失所養而攣急作痛的「芍藥甘草湯」等等，都是冠有甘草之名的常見藥方。除了中藥之外，西醫也會採用甘草製品，例如國人生病感冒時，診所通常會開一種「甘草止咳水」或是「複方甘草合劑」，能鎮定止咳，促進咽喉及支氣管排痰。

心靈傳說

臺灣話所謂的「甘草人物」，表示能放下自我，為大眾帶來快樂氣氛的人。甘草可以幫助我們避免易怒、神經過於敏銳或內心自我衝突不斷。

對於只要有一點聲響就吠叫不停的神經質毛孩子，甘草可以平撫與協調那些混亂的意識。

舞茸 Grifola frondosa

科　　屬：多孔菌科
使用部位：子實體、
　　　　　菌絲體
藥　　性：溫性

使用安全：1
效　　用：食用—身體多病或容易生病者，可強化
　　　　　免疫系統、抑制癌症細胞。

★貓咪每次請少量食用。

古老歷史

舞茸具有獨特的香氣，長相如穿著澎澎裙的舞者，吃起有些脆度，是一種高蛋白，高色氨酸和富含礦物質及維生素 E 的高營養養食品。

舞茸的名字由來有很多說法，其中之一來自日本《今昔物語集》，記載野生舞茸有輕微毒性，食用後毒性發作時人會手舞足蹈，像跳舞一樣，因此取名為「跳舞的茸菇」。也有另一個說法是，在江戶時代，如果村民們在深山中尋找到這種稀有珍貴的菇

類，可以到大將軍那裡交換等重量的銀子，所以他們一看到這種舞茸就像看到錢一般高興的跳起舞來。

舞茸的食用歷史主要在亞洲比較常見，特別是中國和日本，近年來在歐美國家也開始可以看見舞茸成為餐桌上的美食。而中國和日本將舞茸視作是醫食同源的食物，日本對舞茸的食用量很大，特別是在鍋物料理中時常可以看到舞茸，還給了舞茸「蘑菇之王」的美稱。日本人對於舞茸種植的技術已經十分成熟，也會舉辦比賽

來比較舞茸的形狀與大小，但是野生的舞茸還是特別受到青睞。

現代醫學

舞茸曾經被認為有輕微毒性，毒發時會令人手舞足蹈，所以取名為舞茸。而現在醫學發現，舞茸可能會導致輕微的過敏，但是病例數量很少，建議舞茸要煮熟了再吃，避免過敏。

日本非常早就開始研究舞茸的藥用價值，一九九六年，日本神戶藥科大學開始使用舞茸進行糖尿病症的治療研究，進而發現舞茸對膽固醇的代謝、穩定血壓也有幫助。二〇〇三年，《藥用食品學報》有一篇期刊研究舞茸可以刺激 NK 細胞，活化免疫細胞。二〇〇九年，斯隆凱特琳紀念癌症研究中心發表人體試驗，舞茸具有可以刺激乳腺癌症患者免疫系統的成份。《綜合腫瘤學期刊》也發現舞茸的成份能使各種癌細胞凋亡，抑制癌細胞的生長。

目前舞茸在保健品市場是預防癌症、提升身體免疫力的新寵兒，舞茸的成份能激發如巨噬細胞、T 細胞等多種與抗癌相關的效應細胞和物質。在保健品市場也逐漸佔有一席之地。

心靈傳說

風行日本、新加坡、中國等市場的舞茸，又被稱為「舞菇」，是一種食藥兼用蕈菌，氣味清香四溢、肉質脆軟爽口，對於病中與病後精神不繼的毛孩子來說，是非常好的營養補充品，能讓毛孩子儘速恢復活力，排除身體不適造成的心理影響。

魚腥草 Houttuynia cordata

科　　屬：三白草科	使用安全：1
使用部位：地上整株	效　　用：外敷 — 傳染性的皮膚問題、膿皰型皮
藥　　性：寒性	膚問題。
	食用 — 排毒效果強、促進循環、幫助
	強化心血管系統。

★使用新鮮藥草效果最佳。

古老歷史

魚腥草原產於亞洲東部，包括韓國、日本、臺灣、中國南部以及東南亞地帶。大多生長於溪澗旁、河堤邊、公園大樹陰暗的地方。

關於魚腥草的名字，相傳唐三藏至西天取經時，遭遇到觀世音池中下凡的金魚精阻撓，後來金魚精被觀世音菩薩收服。金魚精在通天河吃了許多童男童女，造孽深重，觀音憐憫世人，所以將池中的水草種子散播人間，用來治病救人，即是魚腥草。

關於魚腥草的味道，還有一個跟越王句踐有關的小故事被記錄在《吳越春秋》。書中說「越王從嘗糞惡之後，遂病口臭。范蠡乃令左右皆食岑草，以亂其氣。」大意是說越王自從幫吳王嘗糞之後，得了口臭的疾病，於是范蠡命令所有人都要吃「岑草」，讓越王的口臭問題不會特別明顯。句中的岑草，注釋為「蕺」，也就是魚腥草的別稱。

中醫認為魚腥草能清熱解毒、利水消腫，因此在臺灣很常看到青草

茶、百草茶等中藥草茶添加魚腥草。魚腥草的使用也很多元，葉子、果實及根莖均可做為野菜蔬食。嫩葉可做沙拉生食、涼拌，魚腥草炒及煮過後腥味會比較少，日本農村家庭偶爾會摘其葉子做油炸菜，越南人則喜歡把它切碎做成調味香料。

現代醫學

魚腥草是一種藥用價值極高的常用中草藥，同時也是一種「藥食同源」的野生蔬菜，營養價值也很高。

中醫藥理記載魚腥草有利尿、鎮痛、止血、止咳、抑制漿液分泌、促進組織再生作用，萃取物還能擴張血管，加速循環，增加血流量。因其具有多種功效，《大和百草》又稱魚腥草（蕺菜）為「十藥」，代表其有十種療效。

西醫也會使用魚腥草注射液，具有消炎退腫等功效。對流感嗜血桿菌、金葡菌、結核桿菌、白色念珠菌等有抑制作用，可以改善尿路問題與細菌病毒感染。但是由於中國發生過使用魚腥草注射液產生藥品不良反應的事件，因此中國國家食品藥品監督管理局曾經暫停使用魚腥草注射液。經過三個多月的調查，才在有條件並提高用藥安全等級與監督後，重新開放使用。魚腥草的藥品不良反應主要是發生在「靜脈注射」，中國國家食品藥品監督管理

局表示，湯劑與入菜食用並不影響魚腥草的使用安全。

心靈傳說

魚腥草的生命形式不同於一般植物，很臭、不漂亮、嬌小柔弱、長相很不起眼，隨便路邊的石頭縫中就可以看到它冒出頭來，可是療效卻是非常強大又全面。

剛剛認養的毛孩子成員來到家中，還一臉搞不清楚狀況，或是檢查發現毛孩子白血球異常升高，卻找不出原因，除了繼續看醫生找出正確的問題外，也可試著用魚腥草來調理。

德國洋甘菊 Matricaria recutita

科　　屬：菊科
使用部位：花朵
藥　　性：溫性

使用安全：1
效　　用：外敷 — 皮膚發炎問題、蚊蟲叮咬紅腫、
　　　　　　　　　牙齦發炎、驅蟲。
　　　　　　食用 — 鎮靜神經和體內、外發炎狀況、
　　　　　　　　　整腸建胃。

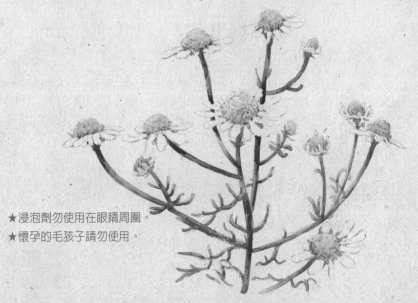

★浸泡劑勿使用在眼睛周圍。
★懷孕的毛孩子請勿使用。

古老歷史

　　洋甘菊品種相當多，市面上普遍可以看到德國洋甘菊和羅馬洋甘菊這兩種，另外還有一種被稱為摩洛哥洋甘菊的品種，也時常被使用在精油上，應該可以算是國人非常熟悉的植物。除了用來泡花草茶之外，洗髮精內也都能看到添加德國洋甘菊精華做為賣點，標榜著能修復髮質、增加光澤、撫平毛躁、改善頭皮敏感搔癢問題，一直是市場上的不敗款。

　　德國洋甘菊產於歐洲與埃及等地，Matricaria 的字根來自 Matrix，也就是「母體、子宮」的意思，因此又被稱為「母菊」，對於女性生理痛、更年期障礙或是婦科疾病所產生的不適及感染搔癢都有很好的幫助。

　　精油萃取物為獨特的深藍色，具有很強的消炎效果，在幾款安心養神的複方精油成份中都很常見。但是不同於羅馬洋甘菊與摩洛哥洋甘菊，德國洋甘菊的味道比較強烈一些，且刺激性也比另外兩種洋甘菊強，因此在藥用的價值上比較高，較少添加進直

接使用在皮膚的精油產品中。

德國洋甘菊的花語有「苦難中的力量」、「不輸給逆境的堅強」、「逆境中的活力」等，充滿了生命力。即使生長在險峻且缺少營養的山邊路旁，依舊無法減低其與生俱來的神聖療效。而且提到洋甘菊，就不能不提到它另一個有趣的名字——「植物醫生」，據說只要在它周圍生長的植物都不容易枯死。

現代醫學

歐洲人很早就發現德國洋甘菊具有強力的消炎、鎮痛、抗敏功效，大概從十七世紀開始，歐洲人就會使用洋甘菊來治療病毒引起的疾病，幾乎每個家庭都有飲用洋甘菊花草茶的習慣。洋甘菊能鎮定安神，使好動、哭鬧不停、毛躁的小孩穩定下來，更能幫助人們在經歷承受巨大壓力或焦躁不安的情緒後，得到平靜的休息。

在亞洲地區，《湖南藥物誌》中提到洋甘菊「甘、平、無毒，能驅風解表，治感冒，風濕疼痛。」在《中華本草》上也有記載母菊，即德國洋甘菊有三個明顯的藥理作用：第一是消炎，減弱過敏反應，還有某些局部麻醉作用，可用於氣喘、過敏性胃腸炎等；第二是緩解痙攣；第三是能收縮血管，造成血液短暫的升壓，幫助緩解身體發熱、促進皮膚潰傷癒合，以及消毒抑菌，效果不輸給大蒜，但是不能大量食用，會引發嘔吐。

心靈傳說

洋甘菊有著像太陽般的花朵，帶給人如陽光般的溫暖感與強力的能量，幫助思緒澄清。

對於結紮後的寵物，德國洋甘菊可以安定因賀爾蒙所帶來的情緒混亂與不安，跳脫出強烈的防衛心態，逐漸接受生理與心理的改變。

胡椒薄荷 Mentha piperita

科　　屬：唇形科　　　使用安全：1
使用部位：葉子　　　　效　　用：外敷 — 浸泡液可以止癢、驅蟲。
藥　　性：涼性　　　　　　　　食用 — 消化不良引起的腹部脹氣和腹
　　　　　　　　　　　　　　　　　　痛、暈車（船）造成的嘔吐。

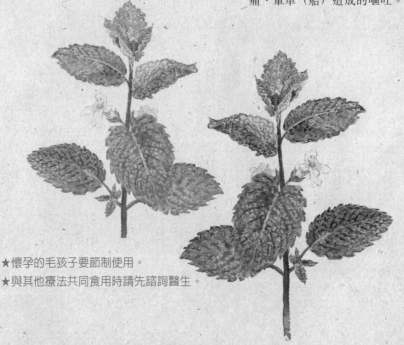

★懷孕的毛孩子要節制使用。
★與其他療法共同食用時請先諮詢醫生。

古老歷史

　　胡椒薄荷，又名辣薄荷，是由綠薄荷與水薄荷雜交的植物物種，被廣泛運用在調味料與藥用。胡椒薄荷最早由瑞典生物學家林奈在英國發現，在德國用藥指導叢書《科勒藥用植物》中也有記載。

　　薄荷的學名「Mentha」，來自希臘神話中的水妖蜜莎（Mentha）。據說她立志要成為黑帝斯的冥后，但是黑帝斯後來搶了宙斯和大地女神狄蜜特的女兒，春之女神普西芬妮為

妻。於是蜜莎千方百計的勾引黑帝斯，想要奪走冥后的位置，卻被普西芬妮發現她與黑帝斯的曖昧情事，一氣之下將蜜莎變為一株受人踩踏的小草。黑帝斯不敢忤逆普西芬妮，只好偷偷用法力賜給蜜莎香氣代為補償，也有一說是蜜莎不甘心被普西芬妮變為雜草，只要被踩踏就會發出獨特的氣味，且越踩越濃。

　　薄荷屬的植物雖然喜愛陰濕環境且不耐旱，但是擴展性與再生能力都很強，可以採用無性繁殖種植，因此

很常被視為侵入性物種，卻也成為世界廣泛應用的藥用植物之一。

現代醫學

說到胡椒薄荷，就不能不提到德國百靈油；百靈油的名字大家應該都不陌生，幾乎所有去德國玩的人，回國時都會帶上幾瓶。

德國百靈油的主成份為百分之百的胡椒薄荷精油，可以外敷、內服，還可以用蒸氣吸入，適用的適應症很廣，像是舒緩牙痛、緩解口腔發炎、蚊蟲叮咬、肌肉痛、頭暈頭痛、呼吸道不適、感冒鼻塞、解悶散熱、幫助舒緩腸胃不適等等，因此被德國聯邦藥師公會認定為「家庭萬用藥」。

在中國醫學方面，薄荷很早就在《本草綱目》、《千金方》等書中出現過，而且研究也不少，又分為胡薄荷、新羅薄荷、錢草、石薄荷等等，可以用做茶飲與治療風寒的藥物。而《中華本草》有記載一項以胡椒薄荷的揮發油所製成的噴霧劑做的實驗，可以使空氣中的葡萄球菌、鏈球菌等細菌數目隨時間減少，對於感冒、頭痛、紅眼症、喉嚨不適都有療效。

心靈傳說

米克斯毛孩子在人類社會較不被青睞也難獲得認同，但他們不論是在被人飼養或是在山林之中、街頭巷尾流浪，所展現出來的生命能量都是強大且堅決的。即使有時候會被欺負，仍能昂首闊步，不畏挫敗，意識清楚的告訴別人自己的存在。這樣的特質也可以從胡椒薄荷中看到，因此胡椒薄荷能幫助沒有自信的毛孩子，生出堅強的適應力，努力活下去。

荊芥（貓薄荷） Nepeta cataria

科　　屬：唇形科　　　　使用安全：　2d
使用部位：莖、葉　　　　效　　用：食用 — 對貓科動物有陶醉的作用、改
藥　　性：溫性　　　　　　　　　　　　善神經性嘔吐、促消化、止瀉、
　　　　　　　　　　　　　　　　　　　止脹氣。

★勿攝取過量。
★服用藥物時不要餵食。

古老歷史

　　荊芥屬是被子植物唇形科中的一屬，大約有兩百五十個品種，其中最知名的品種，就是貓奴們一定聽過的貓薄荷了。荊芥葉子的外型很像胡椒薄荷葉子，在中醫藥學中是一種弱神經作用植物，具有興奮作用，可健胃、驅風濕及減緩慢性支氣管炎的效果。中醫會將荊芥的葉和開花的枝端，沖泡花草茶飲用，亦可做為沐浴使用。

　　中國的醫學很早就發現貓薄荷對貓咪的陶醉作用，有「貓食薄荷則醉，物相感爾」、「薄荷，貓之酒也」的記載。西方雖然也有發現貓薄荷對貓的影響，但是直到一九六三年左右，才由哈佛大學的博士研究生陶德（Todd），用科學方法分析出貓薄荷使貓咪沉醉的原因，是來自於其中所含有的荊芥內酯（Nepetalactone）化合物。原則上，貓薄荷對大多數的貓科動物都有效，但是研究也發現，貓薄荷對於幼貓與高齡貓的效果不如一般成貓明顯。

現代醫學

　　荊芥除了是中醫醫學上時常看到的草藥，也是滿常出現在餐桌上的一道菜色。《本草綱目》記載荊芥利五臟，消食下氣，醒酒。作菜生熟皆可食，並煎茶飲之。加上荊芥獨特的香氣，不論是冷盤或是熟食，拌麵烙餅等都能看到荊芥的蹤影。

　　在中醫上，《中華本草》整理出荊芥的幾種功效，包含解熱鎮痛、抗病原微生物，對於炭疽桿菌、乙型鏈球菌、傷寒桿菌、痢疾桿菌、綠膿桿菌、人型結核桿菌等均表現出一定的抑制作用。若是將荊芥加工為荊芥碳後，還有明顯的止血功能。而在抗發炎與抑制癌症細胞上，荊芥也有不錯的表現。

　　愛荷華州立大學的一項研究指出，從貓薄荷中所提煉出的純荊芥內酯，具有驅蚊效果，因此香味濃郁的貓薄荷也是能夠驅除害蟲的伴植植物（植物醫生），保護一旁生長的其他植物不受蟲害侵擾。

心靈傳說

　　讓貓咪產生迷幻的荊芥（貓薄荷），沒有亮麗的外表，卻有著強大的放鬆效果。

　　若是注意到家中的貓主子情緒不佳或是很喜歡亂抓家具，給予適量的貓薄荷，可以幫助他轉移注意力並鎮靜下來。是對解放心靈、放鬆情緒很有幫助的香草。

甜羅勒 Ocimum basilicum

科　　屬：唇形科	使用安全：2b
使用部位：葉子、花	效　　用：外敷 — 抗蟲、抗真菌。
藥　　性：溫性	食用 — 膀胱炎、抗氧化、消化問題。

★懷孕或準備懷孕的毛孩子不可食用。

古老歷史

　　介紹到羅勒，可能一般大眾會感到有點陌生，但是只要一提到「九層塔」，大家就會感到無比熟悉了。九層塔跟甜羅勒皆是羅勒的一種，植物葉子與花會層層疊疊往上生長，因此臺灣話叫「九層塔」，九代表很多的意思，是臺灣夜市美食與多種道地小吃不可缺少的重要味道。甜羅勒主要是應用在義大利料理的青醬，帶有濃郁的香氣，令人胃口大開。

　　羅勒又被稱為「香草之王」或「皇室香草」，字源 basil 出自希臘文，意思是「皇室／王屬植物」。《牛津英語詞典》提到羅勒會添加在皇室的油膏或藥品中，甚至在沐浴時使用。

　　早在五千年以前，印度就有栽種羅勒的紀錄，不但可以入菜，還可以當作驅蟲防蚊的藥草使用，是十分受歡迎的植物。西元十六世紀前後，隨著印度宗教傳入歐洲，也將羅勒一起帶入歐洲，成為全世界廣泛使用的香藥草。英國的藥草學家暨占星師，尼古拉斯・庫伯（Nicholas Culpeper）

以煉金術士的概念，形容羅勒是具有火星（Herbs of Mars）性質的草藥。在煉金術士的觀念中，火星就如火龍的熱血，擁有強大的約束力與淨化力，帶有刺激性且能給予爆發性的力量。除了羅勒之外，孜然、大蒜等也都被歸類為火星系的草藥。

值得一提的是，羅勒在東正教具有崇高的地位，據說是因為君士坦丁大帝的母親—聖海倫娜，找到了耶穌受難時所釘的「真十字架」，而當時十字架上羅勒叢生，因此成為東正教敬崇的植物。未來若有機會拜訪東正教會，別忘了注意一下教會的祭壇是否都有特別放置清水與羅勒。

現代醫學

羅勒起源於印度，印度的傳統醫學—阿育吠陀會以羅勒入藥，維持人體與自然的調和。

在羅勒傳入歐洲後，由於其可食可藥的雙重特性，引起歐洲人的重視。英國的中醫與藥草學家，約翰·杰拉德（John Gerard）在倫敦建立了一所百草園，引進培植各種不同的外來草藥，並發現羅勒可以減輕遭蠍子螫傷的疼痛感。

《本草綱目》提到羅勒「調中消食，去惡氣，消水氣，宜生食。療齒根爛瘡，為灰用之甚良。」《嘉祐本草》則建議不能食用太多，可能導致「壅關節，澀營衛，令人血脈不行，又動風，發腳氣。」而中國在早期軍隊使用的《常用中草藥手冊》有提到羅勒能「祛風消腫，散瘀止痛。治胃腸脹氣，消化不良，胃痛，腸炎腹瀉，外感風寒，頭痛，胸痛，跌打瘀腫，風濕痺痛，濕疹皮炎。」此外，《嶺南采藥錄》記載，在一些蚊蟲及瘴氣較重的地區，羅勒會被用來治療蛇蟲咬傷、跌打傷敷或提神醒腦使用。

心靈傳說

甜羅勒的香氣有點清涼、濃郁、感覺爽快，吸聞後會令人感到思想整個都清晰了起來，而實際的作用也是如此。

甜羅勒可以讓感覺敏銳、精神集中，若毛小孩出現神經緊張、焦慮、精神不集中、長期精神渙散、無精打采、疑惑等狀況，試試甜羅勒，它可以展現出很好的安撫及保護效果。

紫蘇 Perilla frutescens

科　　屬：唇形科
使用部位：葉、種子、
　　　　　花
藥　　性：溫性

使用安全：1
效　　用：外敷 — 改善皮膚發炎的問題。
　　　　　食用 — 改善過敏性、發炎性的問題、
　　　　　　　　　健胃整腸，消化不良的問題。

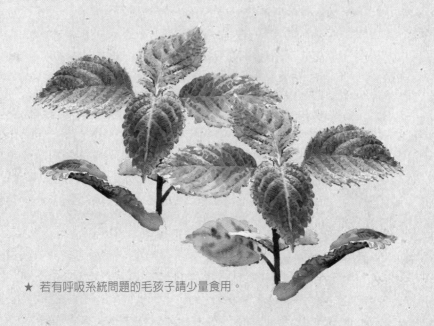

★ 若有呼吸系統問題的毛孩子請少量食用。

古老歷史

　　華人與紫蘇的歷史淵源滿悠久的，《爾雅》稱紫蘇為「荏」，至於「紫蘇」這個名字的由來，民間流傳是由神醫華佗所命名的。

　　中國人吃螃蟹的歷史很長，東漢鄭玄就曾在《周禮·天官·庖人》中補充：「薦羞之物謂四時所膳食，若荊州之魚，青州之蟹胥。」可見東漢人就已經知道螃蟹的美味。相傳同樣是東漢時期的華佗，有一次到了一間小酒館，當時正值螃蟹肥美的季

節，酒館內有一群人在比賽誰吃的螃蟹多，想不到當晚那群人通通因為吃太多螃蟹而肚子劇痛癱軟在地掙扎。這時華佗取出一種紫色的藥草分給眾人吃，沒多久大家竟然都沒事了。於是就有人好奇問華佗，是怎麼知道這種草能解蟹毒的？華陀解釋，他在採藥時，看到一隻水獺因為吃太多魚而鬧肚子，情況就跟這些人一樣，後來水獺自己跑去啃食河邊的這種紫色草藥，不久後就恢復了正常。由於當時的醫書都沒有關於這個草藥的紀載，

因此華陀就將這種藥草的「紫色」特徵，結合吃了能讓腸胃「舒服」的效果，將其命名為「紫舒」，也就是後人所說的「紫蘇」。

大概也是因為受到這個故事的影響，在整個亞洲國家中，紫蘇跟海鮮類或是油膩，容易對腸胃造成負擔的食物搭配幾乎成為公式了。常去日本的人對紫蘇也應該不陌生，日式料理中，不論是生魚片、醃漬物、炸物，幾乎都有紫蘇的身影出現。如果有到過京都購買七味粉的話，應該也會注意到其中有添加紫蘇。其他像是韓國、越南也都有以泡菜、包肉、涼拌、燉煮等方式食用紫蘇。

不過，要特別注意的是，紫蘇其實是一個很廣義的稱呼，因為紫蘇的分類法曾經很混亂，而且種類與俗稱也多，像是白紫蘇、紅紫蘇、青紫蘇、皺紫蘇等，所以在使用上還是要特別注意品種類別。

現代醫學

紫蘇除了可以食用，果實還能榨油。對於紫蘇的藥用效果，華人也比較早開始研究，自古就將紫蘇用來解海鮮食物的毒，《金匱要略》提到「食蟹中毒，治之方：紫蘇煮汁，飲之三升。」除了解毒之外，《本草綱目》也記載了紫蘇有解肌發表，散風寒，行氣寬中，消痰利肺，定喘安胎，解治蛇犬傷等功效。《中華本草》也紀錄紫蘇葉有解熱、抗菌與影響血糖等作用。

前段有提到紫蘇的果實可以用來榨油，比較特別的是，紫蘇油在現代是滿多人會挑選的健康油品，主要是因為經過檢測，發現紫蘇油所含的 α—亞麻酸居於植物油之冠。人體無法自行合成 α—亞麻酸，因此必需從食物中獲得，雖然 α—亞麻酸不能直接被人體使用，但是跟人體內的酶作用後轉換的產物，具有降血壓、抗血栓、保健腦部、保護肝臟、延緩老化等作用。

自從紫蘇從中國傳入日本後，對於四面環海，以海鮮為主食的日本人來說，紫蘇是非常有益的植物，因此對於紫蘇也有諸多研究成果。在《效果與使用方法一本通 藥草健康法（効きめと使い方がひと目でわかる薬草健康法）》中有提到紫蘇的防腐與抗菌效果，以及保護胃壁，避免海鮮內的寄生蟲對胃部造成傷害。

心靈傳說

耐寒、適應力強且非常容易栽種的紫蘇，雖然有著鋸齒狀的外表，卻是一種清香宜人，又能增進食慾的溫柔美草，像極了那種有點悶騷，又內心戲極為豐富的毛小孩。因為他們有著敏感纖細的個性，所以平常容易焦慮、慌亂，可以使用紫蘇葉來調製食物，安撫他們過度疲憊的大腦神經。

歐芹 Petroselinum crispum

科　　屬：傘型科
使用部位：葉子、種
　　　　　子、根部
藥　　性：溫性

使用安全：2b、2d
效　　用：食用 ——（葉子、種子）泌尿道感染、消
　　　　　化不良的問題、預防口臭。
　　　　　（根）風濕關節炎。

★懷孕中和有腎發炎的毛孩子禁止食用。

古老歷史

　　歐芹原產於地中海沿岸，就是義大利料理中常見的一朵朵綠色裝飾菜——巴西利，另外還有洋香菜、洋芫荽、荷蘭芹等別名。值得一提的是，在料理的使用上，巴西利有捲葉和平葉兩種，若是在歐美提到要買巴西利，通常會看到平葉巴西利，也被稱為義大利巴西利。

　　歐芹在料理使用上的歷史比較早，各式西式料理大概都離不開歐芹。特別要提到的是在法式料理中使用的香草束，是一種將香草紮綑成束，使用在燉煮的菜色，熬煮完後取出香草束棄之不用，可以為料理增添獨特的香味。一般會將三種左右的香草紮綑成束，常見有百里香、月桂葉、歐芹、羅勒、迷迭香等香草，依照廚師的喜好自由搭配，風味也千變萬化。

　　除了香草束之外，也一定要提到青醬，雖然之前有提到青醬主要是用甜羅勒來製作，但是有一種青醬被稱為「綠醬（Salsa verde）」，也被

稱為義大利青醬，就是用歐芹作為主要材料，結合醋、鯷魚、酸豆、橄欖油等材料製作而成，適合搭配麵包一起食用。這款青醬若不是用歐芹來製作，可是不被義大利人承認的喔！

現代醫學

《The Encyclopedia of Vitamins，Minerals， and Supplements》特別介紹歐芹的營養價值，除了有豐富的維生素A、B、C，以及礦物質鐵、鎂等等，能補充人體必需的各種維生素、礦物質，加上歐芹的纖維豐富，還能改善便祕、腸胃消化不良的問題。此外，歐芹的葉綠素在氣體交換的工作上非常活躍，可以提升空氣的品質，減少呼吸道過敏的發生，是適合居家種植的實用植物。在癌症的研究上也發現，有服用歐芹的患者，殺手T細胞的工作效果較優秀，能降低癌症的發生率。

《The New Healing Herbs》中提到，俄羅斯曾經有販售一款名為 Supetin 的飲品，被譽為女性健康的保護者，其中85%的成份就是歐芹汁，可以改善女性生理期不順、減少生理痛與經期的腹部腫脹感。另外就是在生產時，有些女性不願意使用藥物分娩，怕傷害到胎兒健康，婦產科醫師也會斟酌使用西芹萃取物，幫助女性在分娩生產的過程更加順利安全。也因為歐芹對女性子宮有特別的影響性，所以在懷孕期間最好能避開食用。

心靈傳說

傳說歐芹是月神黛安娜所喜愛的植物，她手持獵弓和箭袋，身手矯健，整天奔跑在山林之中追逐野獸飛禽，好不快樂。

歐芹可以平衡與冷靜受到壓力與心靈被疲勞轟炸的精神衝擊，對於一直過著僵化生活的毛小孩，食用歐芹可以讓他放鬆身體及情緒，打開心胸，感到生命的美好。

車前草 Plantago asiatica

科　　屬：車前科
使用部位：全株藥草
　　　　　與種子
藥　　性：寒性

使用安全：1
效　　用：食用 — 改善呼吸系統和消化系統的問
　　　　　　　題、緩和尿道發炎的問題。

★懷孕的毛小孩要慎用。

古老歷史

　　車前草是在亞洲地區很常見的一種野生植物，一般貧脊的路邊也能生長，生命力非常強，花期為七八月。車前草的古名叫做「芣苢」，音同「浮乙」，早在《詩經》中就有出現「采采芣苢，薄言采之」的詩句。陸璣在《詩疏》中還有介紹車前草的其他幾個名稱：「芣苢一名當道，喜在牛跡中生，故有車前、馬舃、牛遺之名。蝦蟆喜藏伏於下，故江東稱蝦蟆衣。」或許是因為注意到車前草

的生命力旺盛，因此古代方士也會用來當作製作長生藥的原料，《隋書‧經籍志‧神仙服食經》中就特別針對車前草介紹到「車前一名地衣，雷之精也，服之形化，八月採之。」《本草經集注》也有收錄這麼一段關於車前子，也就是車前草的種子的內容：「《仙經》亦服餌之，令人身輕，能跳越岸谷，不老而長生也。」

　　民間也有流傳車前草名字的由來故事。是說東漢光武帝劉秀麾下有一名將軍叫做馬武，有一年馬武將軍

在出征的路上，由於當時天氣太過悶熱，軍中將士以及戰馬都出現腹部腫脹與血尿的情況，甚至馬武將軍的愛馬也都開始尿血。戰馬與士兵的健康，一定會影響到戰爭的結果，正當馬武將軍不知如何是好時，他的一位馬夫突然注意到馬武將軍的愛馬不再尿血，開心之餘趕緊調查原因，看到馬匹周圍的野草通通都被馬啃光了，也因此發現這些草對於馬匹的血尿有治療的效果，趕緊回報給馬武將軍。將軍一聽，立刻問馬夫這些草哪裡還有？馬夫回答車前的草皆是，馬武將軍立刻大笑道：「好一個車前草！」同時命人採草熬汁給所有的將士與戰馬喝，果然順利解除了難關，也取得了戰爭的勝利，而車前草的名字就被傳開來了。雖然這個故事有點稗官野史的味道，但也證明了古人很早之前就發現車前草有利尿與治療泌尿系統的效果。

現代醫學

中國醫學很早就發現車前草的藥用效果，但是在藥方中比較常使用的是車前子，也就是車前草的種子。除了適用的病症比較廣，效果也比較直接。雖然車前草和車前子一株同體，功效相近，但是在中國的藥方中，治療眼病主要是使用車前子（《和劑局方》）；清熱止痢會使用車前草（《聖惠方》），還是有所不同。

中國醫學對於車前草已經有很多的研究與發現，這是由於車前草的生命力強盛，相對於其他藥草，取得也更加容易，除了目前醫書內已知的利水通淋、清肝明目、鎮咳祛痰、促進腸胃蠕動等效果外，車前子含有多種醣類成份，若將車前子泡於水中，會滲出帶有黏性的物質，因此也有人在研究是否可以用車前子的這種特性，製造幫助修復傷口的藥劑（《中華中醫藥雜志 2016，04 期》）；而現代人文明病纏身，基本上離不開三高與痛風，也有團隊依照《本草綱目》：「車前子，能利小便而不走氣」的特色，研發能改善三高與痛風的藥物，車前草的未來依舊不可限量。

心靈傳說

動物的敏銳度一直都比人類還強烈，當生命受到威脅時，他們都能使用大自然賦予的能力找到拯救自己或族群的方式，也能在身體不適時，尋找到對他們有益的植物。

都市中的寵物常常是一整天都在無聊中度過，車前草是一種能消炎解熱的植物，這意味著車前草能有效排除糾結在身體裡的不良物質。

試試看種植一盆車前草吧！讓它的能量引導寵物找出生活的快樂！

玫瑰果 Rosa canina

科　　屬：薔薇科
使用部位：假果
藥　　性：平

使用安全：1
效　　用：食用 — 補充營養、體內發炎性問題、
　　　　　便祕、利尿。

★勿食過量，會腹瀉、軟便。
★身體內部有發炎狀況的毛孩子可積極食用。

古老歷史

　　可能會有人覺得奇怪，家中的玫瑰果精油或面膜的品名是 Rose Hip，但是這裡卻是跟各位介紹 Rosa canina，到底哪個才對呢？其實 Rosa canina 是 Dog Rose（狗玫瑰）的學名，目前市面上的玫瑰果，大多都是由狗玫瑰這個品種產出的。

　　玫瑰果又稱為薔薇果，特別的地方在於，玫瑰果並不是由花朵的子房發育而成的果實，而是從花托發育而成的漿果，這種果實被稱為「假果」。

玫瑰果帶有鮮豔的紅橘色；有著如聖女番茄一般紅嫩嬌小的外型。雖然許多種玫瑰均會結出果實，卻不是每種果實都可食用，可食用的果實主要來自野玫瑰或狗玫瑰。

　　目前普遍認為智利的安地斯山脈是最早發現玫瑰果的所在地。而玫瑰果的用途很廣，由於玫瑰果油富含豐富的維生素 A 與 C 以及各種對人體有幫助的物質，不少化妝品與面膜都會添加玫瑰果油幫助保濕或改善肌膚問題。此外，玫瑰果還能做

香水、精油等用品，或是花草茶、果醬等食品，像是瑞典著名的甜湯「Nyponsoppa」，就是由玫瑰果製成的，冷熱皆宜。另外在斯洛維尼亞（Slovenia）有一種不含酒精的飲料被稱為「Cockta」，製作的目的是為了能打入國際市場，並與可口可樂產生區別性，主原料也是玫瑰果。如果對品酒有興趣的話，有一種蜂蜜酒被稱為「Rhodomel」，就是玫瑰特調蜂蜜酒，使用玫瑰花瓣與玫瑰果混合蜂蜜共同釀造；還有一個很漂亮的名字稱為「玫瑰蜜」。

現代醫學

雖然人類食用玫瑰果的歷史還滿久遠的，但是對於玫瑰果的研究卻是比較近代的事情。

德國《Thieme》醫學期刊曾經發表過一篇測試報告，發現玫瑰果的維生素 C 含量非常高，是同期各實驗樣品中分數最優秀的。生物化學期刊《Biochemical Journal》也發現玫瑰果含有豐富的 β—胡蘿蔔素，葉黃素和番茄紅素，對於抗氧化有很大的幫助。此外，在《Osteoarthritis and Cartilage》期刊上有發表過關於玫瑰果萃取物對減少關節炎疼痛的幫助，但是關於玫瑰果對於關節與骨頭的影響，還需要更多實驗數據

來佐證。

美 國《Journal of the American Oil Chemists' Society》在二〇一三年發表了一篇研究報告指出，玫瑰果油含有豐富的維生素 A 與其他對人體有益的成份。而瑞典人因為有食用玫瑰果的習慣，因此近幾年也針對玫瑰果做關於三高、減重、養身等研究，相信不久後會有更多的研究數據可以讓大眾更加信賴玫瑰果的功效。

心靈傳說

玫瑰花的聯想是浪漫的愛情與美麗的愉悦，花型是大方、不扭捏、自我敞開的展現。玫瑰果也承襲了花朵的精神，雖然嬌小但顏色艷麗，擁有讓人美麗的強大能量。其中含有的維生素 C 可幫助寵物的骨骼更加有彈性，也可以減緩老化的症狀產生。情緒上若有壓力和緊迫的狀況，也可食用玫瑰果來舒緩心情喔！

桉油醇迷迭香 Rosmarinus officinalis

科　　屬：唇形科
使用部位：葉子
藥　　性：溫性

使用安全：　2d
效　　用：外敷 ── 燒燙傷或外傷的傷口鎮靜、關
　　　　　　　　　節發炎、四肢僵硬而冰冷。
　　　　　食用 ── 腸胃消化問題、對高齡毛孩子
　　　　　　　　　有幫助、可強化心血管。

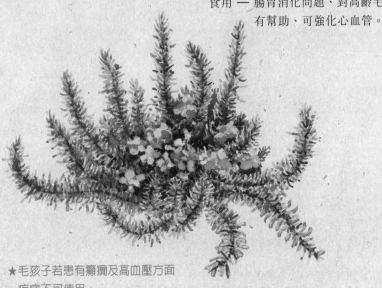

★毛孩子若患有癲癇及高血壓方面
　疾病不可使用。
★精油類產品濃度太高，給毛孩子使用前務
　必諮詢獸醫師建議。

古老歷史

　　市面上常見的迷迭香產品主要有
三種，分別是桉油醇迷迭香、龍／樟
腦迷迭香、馬鞭草酮迷迭香。一般若
是沒有特別指名的話，大多是指桉油
醇迷迭香。但是也有部分人認為龍／
樟腦迷迭香才是主流，因為龍／樟腦
迷迭香具有很強的殺菌效果，且氣味
比較強烈，適用性很廣，因此在挑選
迷迭香精油的產品時，建議可以將三
種迷迭香都試用看看，挑選自己最喜
歡的產品使用。

　　迷迭香原產於地中海地區，歐
洲、非洲地區北部也都有它的蹤跡，
是在人類歷史上佔有一席之地的香草
植物。這裡要提到迷迭香的另一個名
字「Rosemary」，在知名劇作家莎士
比亞的名作《哈姆雷特》中，歐菲莉
亞（Ophelia）有這麼一句：「There's
Rosemary，that's for remembrance:
pray，love，remember.（這是迷
迭香，代表著回憶。希冀吾愛，銘
記在心）」。可知迷迭香在英國人
的認知裡，是對記憶力有幫助的植

物。此外，迷迭香也是婚禮中常見的植物，一樣可以在莎士比亞的名作《羅密歐與茱麗葉》中讀到，茱麗葉的奶媽問羅密歐：「Doth not rosemary and Romeo begin both with a letter？（蘿絲瑪莉和羅密歐開頭的音是不是一樣啊？）」「she hath the prettiest sententious of it，of you and rosemary，that it would do you good to hear it.（她還將你的名字與蘿絲瑪莉合在一起，你聽了一定會喜歡的）」暗指茱麗葉有想與羅密歐結為連理的意思。之後在茱麗葉下葬時還有一段：「Dry up your tears，and stick your rosemary（擦乾你們的眼淚，將香花撒在她的身上）」，可見迷迭香在當時也被當做類似香水的植物使用。

而迷迭香引入中國的時間很早，合理推論在三國時期就已經有人在栽種，《魏略》中有迷迭香傳自大秦（羅馬帝國）的紀錄，曹丕與曹植都曾經為迷迭香做賦，詠嘆這種香草植物的芳香迷人，賦中也有迷迭香來自西域的詩句。

現代醫學

前段有提到迷迭香在英國是被當作對記憶力有幫助的香草植物，BBC也曾經報導過英國諾桑比亞大學做的記憶測試實驗，發現有嗅聞迷迭香的同學比沒聞的成績比較高出 5% 以上，因此研究人員建議考生讀書時可以嘗試搭配迷迭香精油，幫助活絡腦部，提升記憶力。

而中醫方面，如前段所說，迷迭香引進中國的時間非常早，還曾經

深受文人士子喜愛，爭相競種培植。明朝的《本草綱目》中有紀錄迷迭香「惡氣，令人衣香，燒之去鬼」「燒之，辟蚊蚋」。根據《中華本草》記載，迷迭香可用做催經藥，且有中強度的抗菌作用，還能幫助髮絲生長。

特別要提到的是，市面上販售很多迷迭香精油的相關產品，精油是從植物萃取並濃縮的液體，《美國藥典》規範迷迭香精油的使用量約在 0.2 至 0.4ml，過量可能會造成肌肉組織無力或抽搐，使用迷迭香精油時請務必注意用量。此外，獸醫師也會建議避免讓狗貓接觸特定的精油類產品，飼主要使用精油類產品時，請務必諮詢獸醫師的意見，避免發生危險。

心靈傳說

產地在北非的桉油醇迷迭香，生長在沙漠裡的身形高挑威猛，不像我們在花市裡看到的嬌小，因此其能量是呈現一種自然直率、勇敢往上攀升的樣貌。

對於突然失去主人保護的毛孩子，可以使用桉油醇迷迭香，幫助他們打破負面能量，敞開心胸，接受與外界交流，並找回往日愛的記憶，灌注活力，不再軟弱和膽小，勇敢活出自己。

沉香醇百里香 Thymus vulgaris

科　　屬：唇形科	使用安全：1
使用部位：葉子、莖、花	效　　用：外敷 — 能改善牙周病，且是很好的抗菌劑（用於皮膚、耳朵清潔、口腔）。
藥　　性：溫性	食用 — 消化系統與腸炎、呼吸系統感染的問題。

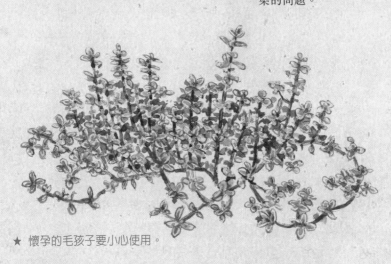

★ 懷孕的毛孩子要小心使用。

古老歷史

　　百里香，又名麝香草，是著名的食用與藥用香草，原產地在地中海及小亞細亞一帶，目前法國、西班牙、葡萄牙及希臘，甚至是北非等地都能看到百里香的蹤跡。百里香精油大概有幾種常見的種類，沉香醇百里香，俗稱溫和百里香，具檸檬藥草香氣。側柏醇百里香與百里酚百里香的抗菌力比沉香醇百里香來得強，若是在挑選精油時可以特別注意。

　　百里香的花語是勇氣，這個花語的由來跟兩位希臘神話中著名的美女有關，民間傳說百里香是在特洛伊戰爭時，因為某位美女看到戰爭的殘酷，感到不捨與心疼滴下的淚水所幻化的植物，我見猶憐的美女淚水，激起了戰士們奮勇殺敵，誓死保護美人的勇氣。至於這位美女是誰呢？有說是特洛伊戰爭的女主角，海倫；也有說是特洛伊戰爭的幕後黑手，阿芙蘿黛蒂（維納斯）。但是不論這位美人是誰，百里香自此就有了「女神之淚」、「維納斯之淚」與「普羅旺斯

的恩惠」等美稱。

美國歷史頻道曾在二〇一三年時整理出百里香簡史，簡史中提到埃及人會使用百里香當作防腐的藥材。而羅馬人認為用餐的同時吃百里香，可以避免食物遭人下毒造成的傷害，因而百里香成為皇帝鍾愛的植物。百里香也被賦予了勇氣和力量的象徵，希臘和羅馬人會在神廟焚燒百里香草細淨化家園，並相信吸入百里香的味道能使精神苗壯，帶來勇氣。

現代醫學

先介紹中醫對百里香的紀錄。百里香在中醫藥草被稱為「地椒」。《本草綱目》記載「貼地生葉，形小，味微辛。土人以煮羊肉食，香美。」可知百里香在很久以前就已經被當作烹煮時的香料來使用。此外，在《本草綱目》中還有百里香可以除蟲的紀錄以及治療牙痛的藥方。

美國歷史頻道的百里香簡史中有提到，百里香被埃及人當作防腐藥草使用。在黑死病橫行於歐洲的時代，混合百里香的藥草被當時的歐洲人作為護身符隨身攜帶著。而在細菌與感染的知識還不是很普及的十九世紀，當時的護士就知道可以使用稀釋的百里香來清洗繃帶。由此可知，人們很早以前就已經發現百里香強大的抗菌能力，並開始使用在清潔除菌上。

目前研究發現，百里香的強大抗菌力來自其中稱為「百里酚（Thymol）」的物質，聽起來可能很陌生，但是含有百里酚的產品在我們的身旁屢見不鮮。舉例來說，漱口水中就有添加百里酚，著名的幾個漱口

水廠牌成份表上都有標註，其他像是英國一款號稱能潔牙並治療口腔潰瘍的牙膏「Euthymol」，還有香港一種治療灰指甲的灰甲水、國內幾款痠痛藥布／軟膏、治療喉嚨不適的藥物與蜂膠食品等，都有添加百里酚。由於藥廠製造的藥物成份可能會有變動，有興趣想知道還有哪些藥品含有百里酚的讀者，可以參考衛生福利部食品藥物管理署網站提供的西藥、醫療器材、含藥化粧品許可證的查詢功能。

心靈傳說

很多狗狗不敢接近水、不敢從高處跳下、不敢與其他狗狗正面接觸。而貓咪容易受驚嚇，不知如何帶領及教導自己的小貓咪，都是缺乏勇氣與自信的表現。百里香可以帶給寵物們健康的身體，讓他們擁有面對的勇氣，收整情緒，平和的處理身邊發生的事情與突如其來的挑戰。

榆樹 Ulmus fulva

科　　屬：榆科
使用部位：樹的內皮
藥　　性：寒性

使用安全：2b
效　　用：外敷 —— 一般傷口、紅腫、潰瘍、輕度
　　　　　　　　燒燙傷。
　　　　　食用 —— 營養補充、可緩解消化、呼吸
　　　　　　　　系統、泌尿道和眼睛的發炎狀
　　　　　　　　況。

★懷孕的毛孩子請小心使用。

古老歷史

　　榆樹原本分布在北半球溫帶的地方，在歐洲和北美洲被作為行道樹而廣泛種植，二十世紀時由英國殖民者帶到澳大利亞。榆樹生命力強，生長速度快，木質又很適合建造房子、家具使用，是很受到歡迎的樹種。而榆樹的翅果長得像銅錢，又被稱為錢榆，當翅果長滿樹頭時，就像是樹上長滿了錢一樣，因此又有人稱榆樹為搖錢樹。

　　在北歐神話中，諸神用梣木枝造男人，用榆樹枝造女人。男的取名「阿思克」（Ask，「梣樹」），女性名為「恩布菈」（Embla，「榆樹」），成為人類的祖先。日本阿伊努神話中的女火神 Kamuifuchi（カムイフチ）也是從榆樹中所生。在知名劇作家莎士比亞著名的喜劇《仲夏夜之夢》中，仙后提泰妮婭（Titania）因為精靈的惡作劇，瘋狂愛上變成驢頭的波頓（Bottom）：「So doth the woodbine，the sweet Honisuckle，Gently entwist; the female Iuy so

Enrings the barky fingers of the Elme.
O how I loue thee！ how I dote on
thee！」仙后在句中，用藤蔓和榆樹
分別代表自己與波頓，藤蔓纏繞上榆
樹的比喻文字，露骨卻表達出濃濃的
愛意。

　　榆樹在近代有革命之樹的稱呼。
美國波士頓有一顆著名的榆樹被命名
為自由之樹（Liberty Tree），美國
獨立戰爭可以說是從這棵樹下開始
的，之後發生了波士頓茶葉事件，當
時的英國宣傳畫上還能看到這棵樹。
英國軍隊在戰爭時期將這棵樹砍倒當
柴燒，反而激起殖民地人士的憤慨，
開始四處種植榆樹，並將榆樹圖案繡
在革命旗幟上。之後法國大革命時，
一位牧師效法美國獨立戰爭栽種自由
榆樹，但是因為沒有人規定自由樹必
須是榆樹，所以法國還保存著其他樹
種的自由樹。

現代醫學

　　新疆林業科學院，歷時八年記錄
研究五十一種常見樹種的固碳能力，
發現固碳能力最強的是榆樹（白榆
樹），是改善空氣品質的優秀樹種，
可以說明歐洲人將榆樹當成行道樹使
用是有根據的。

　　在中藥學上，《中華本草》記載
榆皮、榆花、榆枝、榆葉、榆莢仁都
能入藥，採榆樹嫩莢做羹食用，能改
善失眠問題。若是將榆樹相關的藥用
記載節錄下來，包含健脾安神、清熱
利水、消腫殺蟲、食欲不振、排水利
尿、療瘡、小兒驚癇、婦女帶下等等，
幾乎從頭醫到腳，男女老少皆宜。

　　有趣的是，在《本草綱目》上還
有這樣的記載：「高昌人多搗白皮為
末，和菜菹食甚美，令人能食。仙家
長服，服丹石人亦服之，取利關節故
也。」而其中《救荒本草》的藥方記
載「榆皮、檀皮為末，日服數合。斷
谷不飢。」是不是讓人聯想到小說中
修仙者辟穀的情節？榆樹確實是令人
感到不可思議的植物。

心靈傳說

　　對於極度護主，有時會以攻擊行
為來捍衛自己所屬領域的毛小孩，榆
樹可以給予他安撫、平衡以及慰藉的
感受，讓他不要對還未發生的事情感
到焦慮不安。另外對於病後毛小孩的
營養補充，平復恐懼的驚嚇，也可以
考慮使用榆樹來幫忙。

蕁麻 Urtica dioica

科　　屬：蕁麻科
使用部位：葉子
藥　　性：涼性

使用安全：1
效　　用：外敷 — 處理皮膚的搔癢問題、蚊蟲叮
　　　　　　　　咬紅腫。
　　　　　食用 — 處理過敏性的問題、有幫助排
　　　　　　　　毒的作用。

★ 有腎臟方面病症的毛孩子勿長期使用。
★ 蕁麻若當食物，一定要煮熟才可吃。

古老歷史

　　蕁麻是溫帶與熱帶地區非常常見的植物，品種超過四十種，大部分都帶有會螫人的刺毛，古文稱為「蕁草（音同前）」。唐朝白居易的《送客南遷》有這麼一句：「颶風千里黑，蕁草四時青。」而詩聖杜甫的《除草》詩，說的也是蕁麻：「草有害於人，曾何生阻修。其毒甚蜂蠆，其多彌道周。」。

　　喜歡爬山的朋友一定有聽過「咬人貓」或「咬人狗」這種植物，也是蕁麻的一種，只要不小心碰到，立刻就會紅腫疼痛，而且會痛個好幾天。根據一些有經驗的山友表示，氨水能幫助減輕疼痛，若是沒有氨水的話，就只好趕緊在患部灑尿應急了。

　　此外，蕁麻含有豐富的纖維，而且韌度很強，人們很早就知道如何利用蕁麻的纖維來紡織衣物，大概可以追朔到青銅器時代。加上蕁麻帶有一點毒性的特徵，有些民族相信，用蕁麻編織的衣物可以破除詛咒，保護穿著的人。這個概念可以從安徒生童話

故事《野天鵝》看到。故事說公主愛麗莎有十一個哥哥，國王新娶的繼母將愛麗莎趕出皇宮，並用魔法將她的十一個哥哥都變成了天鵝。之後女神告訴愛麗莎，只要用教堂墓地生長的蕁麻，編織出十一件衣服讓她的哥哥們穿上，就能破除魔法，可是在製作衣服時一句話都不能說，不然魔力會反蝕，讓她的哥哥們喪命。由於愛麗莎必須到教堂墓地摘採蕁麻，這個舉動被誤會是女巫在施法，愛麗莎又不能開口為自己辯解，就在即將被送上火刑檯前，十一件衣服終於做完，她的哥哥們一穿上蕁麻的衣服，魔法立刻破解，十一位野天鵝變回原本風度翩翩的位王子，而愛麗莎終於可以開口為自己辯解，眾人才知道愛麗莎承受了多大的痛苦與誤解。

現代醫學

可能是因為蕁麻本身帶有毒性的關係，早期對於蕁麻的研究不多，不光是人，動物也不太願意碰到蕁麻或以蕁麻為食物，紐西蘭的木蕁麻更有毒死過大型草食動物與人類的紀錄。不過蕁麻的某些品種也可以當作食物食用，通常是取嫩葉食用，像芬蘭有道料理是蕁麻湯，網路也有販售可沖泡飲用的蕁麻葉，但是建議一定要煮熟後再食用，避免生食。

中醫除了會使用蕁麻葉外，還會使用蕁麻根。《內蒙古中草藥》有以蕁麻製作蛇咬藥的藥方，《中華本草》整理出蕁麻對祛風通絡、消積通便、解毒、高血壓、消化不良、蟲蛇咬傷等有其功效。《豐年》雜誌第 59 卷第 12 期特別收錄臺中區農業改良

場對於刺蕁麻的介紹，其中有提到蕁麻的藥用價值，包含利尿、止血、改善過敏性鼻炎等。

近年來，由於中藥學在西方國家受到重視，對於蕁麻的研究也多了起來，在中國的醫學論文期刊上，可以查到很多蕁麻的研究論文與報告，包含《蕁麻中降血糖和抗疲勞活性成份的研究》《蕁麻中鞣質的含量及其抗腫瘤抗氧化藥理作用研究》《寧夏野生蕁麻水提取物對糖尿病大鼠血糖血脂的調節作用》等，都是符合現代人常見病症的主題，相信不久後，蕁麻將會從詩人恨不得除之燒盡的有害植物，成為現代人重視的草藥植物。

心靈傳說

蕁麻莖葉上的細刺，是用來傷害來犯的敵人，保衛自己的隱形武器。蕁麻的細刺會使人皮膚過敏及疼痛，但蕁麻的葉子和根卻可以舒緩過敏的狀況，這真的是一種很奇妙的現象。

心裡沒有要傷害別人的意思，卻因為要保護自己不受傷害而先聲奪人、護食或不讓別人靠近的毛小孩，其實有著一顆害怕而疑惑的心，蕁麻能改變他因恐懼而疑神疑鬼的心情，給予勇氣排除這些負面的能量。

蔓越莓 Vaccinium macrocarpon

科　　屬：杜鵑花科
使用部位：果實
藥　　性：寒性

使用安全： 2d
效　　用：食用 ― 寵物下泌尿道症候群（膀胱炎、
　　　　　　尿路感染）。

★草酸鈣尿結石的毛孩子不可食用。
★避免與抗憂鬱劑、嗎啡等鹼性藥物共食。

古老歷史

蔓越莓俗稱小紅莓，英文名字是Cranberry。由於蔓越莓的莖、花萼與花瓣整體看起來就像鶴的頭型，因此最早被稱為 Crane ― berry，意思是鶴果。蔓越莓是國人熟悉的食物，特別是近幾年來興起的莓果養生食譜，讓蔓越莓、藍莓等莓果受到熱烈歡迎。

蔓越莓還有「北美紅寶石」的華麗稱呼，顧名思義，蔓越莓最大宗的產地位於北美，而北美的原住民也是最早開始食用蔓越莓的人，除了食物，也當作藥物和染劑使用。在感恩節的時候，美國人的餐桌上除了烤到香噴噴的火雞之外，通常還會看到蔓越莓醬，這是因為蔓越莓是美國土生土長的果實，而且酸酸甜甜的蔓越莓醬跟雞肉和麵包都很搭，所以和火雞一起成為感恩節的重要角色。

說到蔓越莓，大家腦海裡一定有一個畫面是農夫穿著青蛙裝，站在嬌豔似火，紅通通一整片的蔓越莓海中的樣子，這也是蔓越莓果汁廠商一

直在包裝與廣告中呈現給顧客看的形象。蔓越莓的採收分為乾收與水收兩種，乾收就是讓人到蔓越莓田裡一顆一顆的採收蔓越莓，當然成本與時間花費比較多。水收則是利用蔓越莓果實中富含空氣的特性，在蔓越莓田裡灌滿水，然後使用打水車在水中拍打，打落的果實就會浮到水面上，這時只要將浮在水面上的蔓越莓聚集在一起讓吸引車將果實吸走就好了，相對省時省成本。

現代醫學

蔓越莓早期在醫學上的研究並不多，只知道蔓越莓維生素 C 和 E 占的比例很高，能抗氧化，防止壞血病等比較淺的知識。研究結果也是反反覆覆，例如在二〇〇一年有論文表示蔓越莓富含草酸鹽，可能會引起腎結石，但是在二〇〇三年又被推翻。直到近幾年才開始有比較系統且專業的論文與報告出現，使得蔓越莓成為保健與養生市場的新寵。

二〇一二年時，考科藍合作組織（Cochrane），將有關醫療的獨立研究結果轉化為數據的實證醫學非政府組織表明，蔓越莓汁或蔓越莓萃取物產品，對於預防尿路感染的數據

不足以證明其效果，歐洲食品安全局也認為兩者間的關係沒那麼明確。二〇一七年，泌尿科期刊《Journal of Urology》則在蔓越莓能否改善泌尿系統的問題上給出一個肯定的答案。目前對於蔓越莓改善泌尿問題的解釋，是基於其利尿效果，並能改善泌尿系統環境，使大腸桿菌不容易附著在尿道上進入泌尿系統，也不容易滋長。對於尿道相較男性為短的女性來說，是很有幫助的。

近幾年陸陸續續有關於蔓越莓的研究發表，包含降低心血管疾病、牙周病與癌症等疾病罹患風險，提升免疫系統等。不過由於研究起步較晚，數據和資料的佐證上都不是那麼充足與完整，相信再過一段時間，蔓越莓的優點將會被更多研究發掘出來。

心靈傳說

大紅色的莓果含有抗氧化的原花青素與維生素能量，能改善免疫力，給予曾經受到生存威脅的毛孩子更多的力量，對於容易產生下泌尿道問題的毛孩子來說，蔓越莓更是不可或缺的副食品。

纈草 Valeriana officinalis

科　　屬：敗醬科	使用安全：　2d
使用部位：根部	效　　用：食用 — 改善寵物癲癇、肌肉的僵硬及疼
藥　　性：溫性	痛、痙攣的問題，舒緩情緒不
	安的緊張狀態 (例如恐懼、事物
	不熟悉、環境突變)。

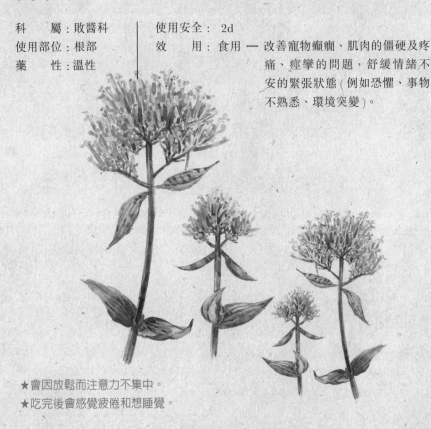

★ 會因放鬆而注意力不集中。
★ 吃完後會感覺疲倦和想睡覺。

古老歷史

　　纈（音同協）草，原本分類為敗醬科，但是二〇〇九年修訂的 APG III 分類法，將敗醬科與忍冬科合併，因此在忍冬科也能找到纈草。而纈草的歷史，《健康草本：事實與故事》與《現代草藥》認為可以追朔到古希臘與古羅馬時期。古希臘醫學家，有「醫學之父」尊稱的希波克拉底，在西元二世紀時描述過這種植物，而古羅馬醫學家蓋倫則用纈草來處理失眠問題。

　　纈草曾經在歷史上活躍一段時期，但是十九世紀後沉寂了一段時間。直到二次世界大戰，由於德國對英國不分晝夜與軍民的空襲轟炸，使得英國居民極度恐慌，承受極重的壓力，這時能改善失眠、焦慮、消化道痙攣、緊迫性筋肉痙攣問題的纈草又重新受到重視。

　　在某些版本的德國民間故事《花衣魔笛手》中，魔笛手會利用纈草以及笛聲吸引街道上的老鼠追隨。研究發現，貓咪是寄生蟲「弓蟲」的宿主，

弓蟲被歸類為「自殺誘導寄生蟲」，就是說當老鼠感染了弓蟲後，弓蟲為了寄生到真正的宿主，也就是貓的身上，會改變老鼠的習性，讓老鼠對貓尿感到興奮，並主動靠近有貓尿的地方。當然，有貓尿的地方，很大的機率會有貓咪出現，這時貓咪獵捕老鼠，弓蟲就會跟著進入貓咪的體內了。而纈草根部所含的一種物質對貓有引誘性，《本草綱目》在纈草屬植物「蜘蛛香」篇有記載：「或云貓喜食之。」這種物質近似貓尿的味道，所以對遭到弓蟲寄生的老鼠特別有吸引力。

現代醫學

歐洲藥品管理局（EMA）承認纈草為緩解輕度精神壓力，並能幫助睡眠的一種傳統草藥產品。美國家庭醫師學會（AAFP），醫學博士 Susan Hadley 在二〇〇三年發表了一篇纈草的研究專欄，認為纈草在處理輕度焦慮、失眠問題上有很不錯的表現，不過長期固定食用比短期急性使用的效果明顯。

由於沒有很明確的纈草副作用報告，因此纈草營養補充品在美國以非處方藥品銷售，不受美國食品藥品監督管理局（FDA）限制。

不過，隸屬於美國衛生及人類服務部的首要生物醫學研究機構，國立衛生研究院（NIH）也對纈草做了解釋，表示纈草雖然已經使用在失眠，焦慮、憂鬱症和改善更年期症狀的營養補充品上，但是相關的研究資料還沒有很多，目前該營養補充品對於大多數健康的成年人在短期使用上沒有問題。此外，雖然沒有纈草會造成嗜睡的證明，但還是不應該與酒精或鎮靜劑一起服用，也建議懷孕或正在哺乳的婦女、三歲以下的幼童，開車等需要集中精神的狀況下避免使用。

心靈傳說

纈草味道濃郁，對某些人來說可能難以恭維，卻擁有讓人神經安定的強大作用。對於處在驚嚇狀態或無聊到出現強迫症的毛小孩，可以試試纈草的安撫力量，幫助寵物降低焦慮，達到情緒穩定的效果。

薑 Zingiber officinale

科　　屬：薑科
使用部位：地下莖

藥　　性：嫩生薑溫性 / 老薑、乾薑熱性
使用安全：2b、2d
效　　用：外敷 — 關節疼痛的問題、四肢末端循環
　　　　　　　　問題。
　　　　　食用 — 幫助消化機能強健(生嫩薑最
　　　　　　　　好)、噁心、改善四肢冰冷問題、
　　　　　　　　加強心血管系統。

★食用前請先跟獸醫師做諮詢。
★懷孕及膽結石的毛小孩在使用
　前請諮詢醫生。
★貓咪不可食用。

古老歷史

　　薑是亞洲文化中佔有不可動搖地位的醫食同用植物，大概亞洲的料理或藥膳中，沒有幾道是離得開薑的。《論語·鄉黨》紀錄孔子的飲食指南：「不撤薑食，不多食。」每次吃飯都要配薑，可見孔老夫子對於薑是多麼擁護。此外，著名的《馬可·波羅遊記》中，也有許多關於薑的記載，在蘇州篇還有提到當時威尼斯幣可以購買四十磅的薑。

　　關於薑這個字的由來，《說文解字》解釋是來自於邊疆的疆字，去掉弓字內的土，並加上草字頭，代表邊境上的他國植物，後來將弓也省略了，變成今天我們寫的薑字。從《說文解字》中可以看出來，薑是從外國引進的「禦溼之菜也」，這跟目前研究認為薑最早是從印度發源的結果相符。之後中國將「薑」字簡化合併為「姜」，可能也是因此才有神農氏為薑取名的故事流傳。

　　故事說神農氏有一次在嘗百草時，誤食有毒的植物而昏迷，當他醒

轉時，發現是他身旁一種植物的香氣讓他醒過來，符合武俠小說中的「解毒物必伴生在毒物附近」理論。神農氏吃下這個植物，解了身上的毒。因為神農氏姓姜，所以將這個植物取名為「生姜」，紀念它救了自己一命。

而薑大概在西元一世紀左右就藉由阿拉伯人的香料貿易，從印度半島傳播到歐洲地中海一帶。因為《聖經》中有約瑟曾被親兄弟賣予香料商人為奴的記載，因此歐洲人對於認識與使用薑的歷史或許可以再往前推進不少。

現代醫學

對於薑的藥用價值，相信已經不用多說。

以前天氣冷的時候，家裡都會準備用老薑熬製的薑湯，一碗入喉，鮮香熱辣，全身立刻暖呼呼，甚至還會發汗，手腳不再冰冷。每到立冬，三五好友也會相約薑母鴨店補冬，民間傳說，薑母鴨給他連續吃個三回，包你冬天百病不侵。

中藥學對於薑的研究歷史悠久，《本草綱目》記載，薑能治嗽溫中、霍亂不止，腹痛，冷痢，血閉。病患虛而冷等，同時還有發現薑的副作用「食薑久，積熱患目，珍屨試有準。凡病痔人多食兼酒，立發甚速。癰瘡人多食，則生惡肉。此皆昔人所未言者也。」意思是說吃太多薑可能會影響眼睛視力，並併發毒瘡。

此外，雖然薑被美國 FDA 列為「一般是安全的」，核准多款薑保健品上市，在臨床實驗上也有降血壓、止吐、除蟲、抑制癌細胞的數據，但是美國國立衛生研究院建議，薑被當作香料使用時，一般是安全的，但也有機會出現腹部不適，胃灼熱，腹瀉和脹氣的情況，若是使用抗凝血劑與有膽結石的人應該謹慎食用。

因此建議各位可以學習孔子的飲食指南，吃薑，但是適量就好。

心靈傳說

薑能引起血管擴張和中樞神經興奮，對於高齡或骨骼方面有問題的犬毛孩子，每餐給予一些薑末，可幫助活絡氣血，淘汰滯留的體液，帶來豐富的能量增加行動力。

還是要提醒，薑、蒜、蔥、韭菜等食物在使用前請務必先跟獸醫師做諮詢。

後序

　　走在路上，你可能會無意識地對著小花、小草說話，每天看到家中的寵物你也會忍不住像朋友般聊上幾句，儘管他們大部分的時候只是傻傻地歪著頭看著你，也不會改變你想把他們當成聊天對象的習慣吧！

　　我常常在網路上看到毛孩子和主人的互動，很多是令人感動的。在美國有位會傷害自己的自閉症女孩、在英國有位呼吸中斷症的小男孩、在日本有位僵直性脊椎炎的老人、在臺灣有位全盲的街頭藝人……不管在哪一個國家，哪一種身體狀況的人，他們身邊都陪伴著一隻忠心耿耿的工作犬。毛孩子是他們的手和腳，是他們每天聊天說笑的對象，更像是他們的守護者一般，時時刻刻保護著他們。我相信，很多時候沒有了這些毛小孩，主人們根本不知道如何生活下去。日本也有推行老人養寵物的政策，因為日本人認為寵物可以幫助老人活得更健康也更快樂！

　　其實大自然的萬物無時無刻都在與我們對話，有人說動物根本聽不懂你在說什麼，只是感覺到你的語氣強弱而有所反應罷了，更多時候只

是主人異想天開，穿鑿附會的將寵物擬人化而已。但是對於從小到大都與動物相處的我來說，這樣的說法是可議的。

全世界的動物行為學專家們，不斷利用更加精密的腦科學研究工具，讓我們發現原來我們低估了動物的智力。研究中確認所有的犬類對於社會化行為的掌控完全出乎我們人類所想像，而且他們也能理解超細微的身體語言和聲音的辨識。

西元二〇一二年，英國媒體刊登了一篇《當代生物學》期刊中的研究報告，毛小孩平均智商與兩歲小孩雷同。狗狗有類似嬰兒的認知技能，不僅能夠了解人類的語言跟想法，研究還發現，部分較聰明的狗狗還會學習人類的社會技能。在西元二〇一四年，匈牙利研究人員更成功透過神經成像實驗發現，狗狗的大腦確實可感受到人類情緒，再做出各種貼心反應。西元二〇一七年，蘋果日報也刊載了一篇狗狗的研究，以普通家犬為例，他們大約可理解一百六十五個不同的單詞和短語，而智商較高的工作犬則可理解約兩百五十個單詞。目前全球懂得最多詞彙的紀錄保持「狗」是一隻來自美國南卡羅來納州的邊境牧羊犬，透過飼主的訓練，他已知的詞彙超出一千個以上，並且擁有連接動詞與名詞，完成指定任務的能力，讓人再次見識到狗狗的超高智商。

在每天與毛小孩的相處中，彼此說話聊天、按摩陪伴、追逐遊戲，雖然僅僅如此，我們都深深體會到毛孩子和我們如家人般的互動，雖然都是些日復一日，雞毛蒜皮的生活小事，卻甜蜜地令人融化，那絕對是動物和我們之間的心領神會啊！

我堅信，不管哪個動物來到你的身邊，一定都是上天要來成就我們，讓我們領悟自己的生命旅程有沒有值得改變。所以，請讓我們珍惜當下，好好對待我們的家人——毛小孩。

國家圖書館出版品預行編目資料

寵物香草藥妙方：以天然的香草藥力量,改善寵物寄
　生蟲、壓力性過敏、口腔疾病與心理發展問題! /
　謝青蘋著. -- 初版. -- 臺中市：晨星, 2018.01

　　面；　公分. -- (寵物館；53)

　ISBN 978-986-443-375-9(平裝)

　1.犬 2.寵物飼養 3.健康飲食 4.食譜

　　437.354　　　　　　　　　　　　106020465

寵物館 53

寵物香草藥妙方：
以天然的香草藥力量,改善寵物寄生蟲、壓力性過敏、口腔疾病與心理發展問題！

編著	謝青蘋
主編	李俊翰
美術設計	蔡艾倫
香草插圖	劉俠男
封面設計	陳其煇、陳蕾米
校 對	陳蕾米
攝 影	謝宗妮

創辦人	陳銘民
發行所	晨星出版有限公司
	行政院新聞局局版台業字第 2500 號
總經銷	知己圖書股份有限公司
地址	台北 台北市 106 辛亥路一段 30 號 9 樓
	TEL：(02) 23672044 / 23672047　FAX：(02) 23635741
	台中 台中市 407 工業 30 路 1 號
	TEL：(04) 23595819　FAX：(04) 23595493
E-mail	service@morningstar.com.tw
晨星網路書店	www.morningstar.com.tw
法律顧問	陳思成律師
出版日期	西元 2018 年 1 月 1 日　初版
郵政劃撥	15060393　知己圖書股份有限公司
讀者服務專線	04-23595819#230

印刷	啟呈印刷股份有限公司

定價 350 元
ISBN 978-986-443-375-9

Printed in Taiwan

姓名：＿＿＿＿＿＿＿＿　性別：□男　□女　生日：西元　　　／　　　／

教育程度：□國小　□國中　　　□高中/職　□大學/專科　□碩士　□博士

職業：□學生　　　　□公教人員　　　□企業/商業　□醫藥護理　□電子資訊
　　　□文化/媒體　□家庭主婦　　　□製造業　　　□軍警消　　□農林漁牧
　　　□餐飲業　　　□旅遊業　　　　□創作/作家　□自由業　　□其他＿＿＿＿

E—mail：＿＿＿＿＿＿＿＿＿＿＿＿＿＿＿　聯絡電話：＿＿＿＿＿＿＿＿＿＿

聯絡地址：□□□＿＿＿＿＿＿＿＿＿＿＿＿＿＿＿＿＿＿＿＿＿＿＿＿＿＿＿

購買書名：寵物香草藥妙方＿＿＿＿＿＿＿＿＿＿＿＿＿

・本書於那個通路購買？　□博客來　□誠品　□金石堂　□晨星網路書店　□其他＿＿＿

・促使您購買此書的原因？

□於 ＿＿＿＿＿＿ 書店尋找新知時　□親朋好友拍胸脯保證　□受文案或海報吸引

□看＿＿＿＿＿＿＿＿網路平台分享介紹　□翻閱 ＿＿＿＿＿＿＿ 報章雜誌時瞄到

□其他編輯萬萬想不到的過程：＿＿＿＿＿＿＿＿＿＿＿＿＿＿＿＿＿＿＿＿＿＿

・怎樣的書最能吸引您呢？

□封面設計　□內容主題　□文案　□價格　□贈品　□作者　□其他＿＿＿＿＿

・您喜歡的寵物題材是？

□狗狗　□貓咪　□老鼠　□兔子　□鳥類　□刺蝟　□蜜袋鼯

□貂　　□魚類　□烏龜　□蛇類　□蛙類　□蜥蜴　□其他＿＿＿＿＿＿

□寵物行為　□寵物心理　□寵物飼養　　□寵物飲食　　□寵物圖鑑

□寵物醫學　□寵物小說　□寵物寫真書　□寵物圖文書　□其他＿＿＿＿＿

・請勾選您的閱讀嗜好：

□文學小說　□社科史哲　□健康醫療　□心理勵志　□商管財經　□語言學習

□休閒旅遊　□生活娛樂　□宗教命理　□親子童書　□兩性情慾　□圖文插畫

□寵物　　　□科普　　　□自然　　　□設計/生活雜藝　　□其他 ＿＿＿＿＿

感謝填寫以上資料，請務必將此回函郵寄回本社，或傳真至 (04)2359－7123，
您的意見是我們出版更多好書的動力！

・其他意見：

也可以掃瞄 QRcode，
直接填寫線上回函唷！

2018/3/1 日前寄回本書回函，好禮三重送

第一重：寄就送 Petheal 貝喜養生寵食（www.petheal.biz），
　　　　線上購物金 100 元抵用券（共計 2000 名）

使用期限：2018/12/31 止
寄回回函或填寫線上回函，填入正確 E-mail 帳號，將會寄送購物金優惠
碼至您的 E-mail。消費滿額 1000 元，可於結帳畫面輸入使用（限用一次）。

第二重：芭絲特貓殿─動物傳心、安親住宿券（共計 150 名）

使用期限：2018/12/31 止
好康服務二選一：
1. 貓咪兩日住宿一日半價，入住時間共計 36 小時（限用一次）。
2. 動物傳心服務半價優惠（限用一次）。

第三重：Dog 老師全能發展學堂─
　　　　寵物行為免費電話諮詢 20 分鐘（共計 150 名）

使用期限：2018/12/31 止
持券可免費諮詢寵物行為問題 20 分鐘，幫助提升您與寵物之間的感情。

得獎名單將於 2018/3/30 公布於晨星出版寵物館粉絲專頁！填寫線上回函還可以多得一次抽獎機會喔！